# LKW

# *Klassiker*

Udo Paulitz

# LKW
# *Klassiker*

KOMET

Emil-Hoffmann-Straße 1, D-50996 Köln

Text & Bild: Udo Paulitz, Duisburg
Gesamtherstellung: KOMET Verlag GmbH, Köln

ISBN 978-3-89836-971-8

www.komet-verlag.de

# Inhalt

*Seite 8/9: Der gute Stern auf allen Straßen: Mercedes-Benz L 325-Lkw aus dem Jahr 1955*

# Vorwort

Viele kennen sie: die alten, klassischen Haubenlastwagen, aber auch die nachfolgenden, etwas jüngeren Frontlenkermodelle. Aus dem Alltagsbetrieb sind diese alten Nutzfahrzeuge zwar schon lange verschwunden, aber vielen Lesern werden sie schon in natura begegnet sein. Denn in jedem Jahr finden im ganzen Land zahlreiche Veteranenveranstaltungen statt und erfreuen sich zunehmender Beliebtheit. Sie sind zu regelrechten Publikumsmagneten geworden und ziehen immer mehr interessierte Besucher an, die sich an den hier präsentierten, ein halbes Jahrhundert und oftmals sogar noch älteren Modellen erfreuen und sich nostalgischen Dieselgeruch um die Nase wehen lassen.

Blicken wir einmal 50 oder 60 Jahre zurück, als sich die Restriktionen, die der Nutzfahrzeugindustrie von den Besatzungsmächten auferlegt worden waren, zu lockern begannen bzw. kurze Zeit später ganz wegfielen. Jeder deutsche Hersteller – und damals waren es noch sehr viele – konnte in den frühen 1950er-Jahren mit einem mehr oder weniger kompletten Verkaufsprogramm aufwarten. Absatzsorgen brauchte sich die Branche nicht zu machen, denn der Bedarf an Nutzfahrzeugen für die wiederaufstrebende Wirtschaft war gewaltig. Es waren in erster Linie die Schwerlastwagenmodelle, die sich, sozusagen als Paradepferde eines jeden Herstellers, der besonderen Publikumsgunst erfreuten und auch nach ihrem Ausscheiden am Nachhaltigsten im Gedächtnis blieben. Nicht nur Insider bekommen glänzende Augen, wenn vom markanten Büssing 8000, dem grundsoliden Henschel HS 140, den L 6600- bzw. L 315-Modellen von Daimler-Benz, dem ausdauernden MAN F 8 oder dem schweren S 6500-Rundhauber von Magirus die Rede ist. Aber auch die kantigen schweren Kaelble-Lastwagen und die nach dem Zweitaktverfahren arbeitenden berühmten Krupp-Modelle Titan, Tiger und Mustang lassen die Herzen höherschlagen.

Dieses Werk mit seinen überwiegend unveröffentlichten Farbabbildungen soll die klassischen Lastwagenmodelle von damals noch einmal lebendig werden lassen. Leider zwang der Buchumfang zu einer rigorosen Beschränkung auf die wesentlichsten, allerdings auch auf die schönsten Fahrzeuge.

Ich wünsche Ihnen nun viel Spaß bei Ihrem Ausflug in die faszinierende Welt der alten Lastkraftwagen.

Herzlichst

**Udo Paulitz**

Güterfernverkehr
NWI 894 dü
Stand. Oberhausen

OB L 2350H

*Das markante Kühlerschutzgitter mit Rhombus eines Borgward B 1500-Haubenlastwagens*

*Top restaurierter Borgward B 1500 aus dem Jahr 1951. Dieses sowohl mit Vergaser- als auch mit Dieselmotor erhältliche Modell mit einer Nutzlast von 1,5 t war der Nachfolger des B 1250 und blieb bis 1954 in der Produktion. Im Unterschied zu seinem Vorgänger hatte er eine breitere Fahrerkabine.*

# Borgward

Carl Friedrich-Wilhelm Borgward (1890–1963) – der spätere Inhaber der gleichnamigen Automobilfabrik – stammte aus einfachen Verhältnissen. Nachdem er Maschinenbau studiert hatte, wurde er 1921 Besitzer einer Bremer Kühlerfabrik. Schon früh erkannte er den Bedarf eines einfachen motorisierten Transportmittels für den Straßenverkehr und brachte das Lieferdreirad Blitzkarren auf den Markt. Dieses betont einfache Fahrzeug hatte eine Tragfähigkeit von 250 kg und wurde seit 1924 für 980 Reichmark angeboten. Der Blitzkarren und auch die nachfolgenden, stärkeren Fahrzeuge blieben mit großem Erfolg bis 1933 im Programm. 1928 wurde der schnell expandierende Betrieb in Goliath-Werke Borgward & Co umbenannt. 1931 erwarb Borgward die Aktienmehrheit an den

Hansa-Lloyd-Werken in Bremen. Nach der vollkommenen Übernahme dieser Firma entstand im Jahr 1938 die Carl F. W. Borgward Automobil- und Motorenwerke GmbH. Ein überaus vielfältiges Programm von Personenwagen und Nutzfahrzeugen verließ unter dem typischen Zeichen des Rhombus in den 1930er-Jahren die Werke des Borgward-Imperiums. Unter diesem Markennamen wurden auch Lastkraftwagen zwischen 1 und 3 Tonnen Nutzlast angeboten. Während des Krieges wurden die verschiedenen Borgward-Fertigungsstätten in die Rüstungsproduktion integriert. Im Oktober 1944 wurden die Fabriken durch Luftangriffe weitgehend zerstört.

Der Neuanfang nach Kriegsende war schwer, denn die Werksanlagen waren zu 75 % zerstört.

*Der Borgward B 1250 ging bereits ab August 1949 in Serie und ersetzte den B 1000. Dieser Kleinlastwagen hatte einen wassergekühlten Vierzylinder-Vergasermotor mit 48 PS und konnte 1250 kg Nutzlast befördern. Hier ein Fahrzeug mit dem kurzen 2,80-m-Radstand.*

Trotzdem entstanden bereits ab Juli 1945 die ersten weitgehend aus Restteilen zusammengeschraubten Exemplare des 3-t Lastwagens B 3000 S in geringer Stückzahl. Borgward, der von den Besatzungsmächten interniert wurde und seine Werksanlagen erst im Juli 1948 wieder betreten durfte, teilte ein Jahr später, um höhere Rohstoffzuteilungen zu erhalten, seinen Betrieb in drei Einzelunternehmen auf. Dies waren die Borgward-, Goliath- und Lloyd-Werke, die alle mit mehr oder weniger umfangreichen Typenprogrammen aufwarten konnten. Im Mittelpunkt des Lastwagenbaus stand das Borgward-Stammwerk in Bremen-Sebaldsbrück, das seit Oktober 1947 wieder mit dem Bau des kleinen Vorkriegslastwagens B 1000 mit 33 PS Motorleistung beginnen konnte. Diesen Eintonner produzierte man bis 1949. Nachfolger wurde der Typ 1250 mit unverändertem Aussehen aber mit auf 48 PS leistungsgesteigerten Motor. Zu dieser Zeit wurden bei Borgward auch Lastwagen bis zu 4,5 t Nutzlast gefertigt, die im Design weitgehend den Vorkriegsmodellen entsprachen. Dies änderte sich erst 1951, als die Borgward-Nutzfahrzeuge ein verbreitertes Fahrerhaus erhielten und damit formal aktualisiert wurden.

Seit 1939 lieferte Borgward seine Lastwagen auf Wunsch auch mit dem sparsameren Dieselmotor. Diese Tradition der Antriebswahl zwischen Benziner und Selbstzünder wurde auch in der Nachkriegszeit fortgesetzt. So auch im seit 1952 vorgestellten 1,5-Tonner B 1500, dessen 60-PS-Vergasermotor bereits 90 km/h Höchstgeschwindigkeit garantierte, während der wirtschaftlichere 42-PS-Diesel nur auf 75 km/h kam. Der ab 1954

Hier ein 1951 gebauter Borgward B 1250 als Möbelwagen, dessen Aufbau aus der damals noch sehr verbreiteten Holz-Gemischtbaubauweise besteht. Beachtenswert ist auch die Tiefe des nach unten gezogenen Aufbaus, um die Ladehöhe des Fahrzeugs zu verringern.

Die Bremer Straßenbahn AG ließ sich 1953 von dem ortsansässigen Karosserieunternehmen Pollmann diesen kleinen Omnibus auf einem Borgward-Chassis B 1500 D aufbauen. Der Bus hatte einen 42-PS-Vierzylinder-Dieselmotor mit 1758 ccm Hubraum und war für 13 Fahrgastplätze eingerichtet. Nach Außerdienststellung wurde dieses Schmuckstück in den eigenen Werkstätten sorgfältig in den Ursprungszustand zurückversetzt.

angebotene Borgward B 1500 (ab 1959 B 511), zeichnete sich durch ein von amerikanischen Stileinflüssen geprägtes Fahrerhaus mit modischem Frontgitter aus. Dieser als Benziner und Diesel lieferbare Typ behauptete sich bis 1960 ohne wesentliche bauliche Änderungen recht erfolgreich im Programm. Bereits ab Herbst 1951 bot Borgward den Zweitonner B 2000 mit 60-PS-Diesel- bzw. 82-PS-Vergasermotor an, aus dem 1954 durch Auflastung der 2,5-Tonner B 2500 entwickelt wurde. Unter der ab 1959 in B 522 geänderten Modellbezeichnung blieb dieses vielseitige und beliebte Lkw-Modell, das auch als Basisfahrgestell für Feuerwehraufbauten diente, bis 1961 in der Produktion. Ebenso befand sich eine Allradausführung (B 2500 A bzw. B 522 A-O) – gleichfalls häufig für Feuerwehrzwecke verwendet – im Verkaufsprogramm.

Aus dem anfangs weitergebauten D 3000 S entstand 1950 unter der Typenbezeichnung B 4000 ein mittelschwerer 4-t-Lkw, der von einem Sechszylinder-Diesel mit zunächst 85 PS (ab 1952 95 und ab 1957 110 PS) angetrieben wurde. 1953 erschien der 4,5-Tonner B 4500, der – ab 1959 als B 555 (für 5,5 t Nutzlast) bezeichnet – bis 1961 Bestandteil des Fertigungsprogramms war. Auch er erlangte bei Bundesbehörden (z. B. Bundeswehr, Technisches Hilfswerk) zu einiger Bedeutung. Im übrigen war dieser

*Der hier gezeigte handliche Abschlepp-Kranwagen ist ein Borgward B 2500 A-O mit Allradantrieb und Sechszylinder-Reihen-Vergasermotor mit 2337 ccm Rauminhalt und 80 PS Leistung. Die im Fahrerhausdach befindliche Einweiserluke ist ein untrügliches Indiz für eine frühere Verwendung beim THW, Bundesgrenzschutz oder bei einer anderen Bundesbehörde.*

*Der seit 1952 angebotene Haubenlastwagen B 1500 wurde im Frühjahr 1954 durch ein äußerlich völlig neu gestaltetes Modell abgelöst. Der seither unter der gleichen Typenbezeichnung angebotene 1,5-Tonner präsentierte sich im aktuellen Amerikanerlook, also mit verrundetem Pontonfahrerhaus und der sogenannten Alligatorhaube, ähnlich wie sie bereits bei Opel und Hanomag verwirklicht worden waren. Den Lastwagen gab es wahlweise mit 60-PS-Vergaser- oder 42-PS-Dieselmotor. Hier ist ein Fahrzeug der letzteren Bauvariante zu sehen.*

mittelschwere Lastwagen Borgwards größtes Lkw-Modell. Gleichwohl kamen die Borgward-Werke in den Genuss von Bundeswehraufträgen. So fertigte man den geländegängigen 0,75-t-Typ B 2000 A-O in ansehnlicher Stückzahl. Überwiegend wurde er als Kübelwagen mit offenem Aufbau, seltener als geschlossener Fernmeldewagen gebaut.

Bereits frühzeitig hatten Fremdfirmen den vereinzelten Umbau von Haubenfahrgestellen zu Frontlenkerlastwagen übernommen. Zur IAA 1957 überraschte Borgward das Publikum mit den Typen B 1500 F (B 611) bzw. B 2500 F (B 622), mit denen man sich erfolgreich in die Kette der Anbieter dieser Fahrzeuggruppe einreihen konnte. Diese

*Seite 16/17: Im Jahr 1957 ergänzte der 1,5-t-Frontlenker-Lastwagen B 1500 F das Nutzfahrzeugprogramm der Bremer Borgward-Werke. Die zeitlos schöne, formal sehr gelungene Kabine kann auch nach heutigen Begriffen durchaus noch als modern bezeichnet werden. Ähnlich wie beim Haubenwagen, stand auch hier ein 42-PS-Diesel- oder 60-PS-Vergasermotor zur Auswahl. Der vor allem für den Nahverkehr geeignete Lkw erreichte 75 bzw. 95 km/h Höchstgeschwindigkeit und wurde ab 1959 als B 611 bezeichnet.*

*Zu den großen Borgward-Lastwagen zählte der im Juli 1953 vorgestellte 4,5-Tonner B 4500, der mit einem Sechszylinder-Reihen-Wirbelkammer-Dieselmotor mit 4962 ccm Hubraum und 95 PS Leistung bestückt war. Er war ein sehr robustes, anspruchsloses Arbeitstier, das sich bei der Kundschaft einer großen Beliebtheit erfreute. Hier ein Kipper aus dem Jahr 1955.*

formschönen Lastwagen gab es wiederum wahlweise mit Diesel- oder auch Vergaserantrieb. Bei Letzterem verwendete man den gedrosselten Motor des Pkw Borgward Isabella. Besonders die Frontlenkerfahrzeuge in der Ausführung als Kastenwagen wirkten sachlich, aber trotzdem elegant. Als letztes Borgward-Lkw-Modell kam 1959 der 5,5-t-Frontlenker B 655 F hinzu. Von diesem formal wie technisch sehr fortschrittlichen Lastwagen konnten bis zur Produktionseinstellung allerdings nur 470 Einheiten verkauft werden.

Zum Borgward-Konzern gehörten auch die Goliath-Werke, die neben Personenwagen auch die schon aus der Vorkriegszeit bekannten Dreiräder im Programm führten. Im Mai 1949 wurde als erste Nachkriegskonstruktion das neu entwickelte Modell GD 750 vorgestellt, das im Gegensatz zum Hauptmitbewerber Tempo einen Hinterradantrieb besaß. Die Motorleistung des Zweizylinderaggregats betrug 14, ab 1954 15 PS. 1955 ersetzte der weiterentwickelte, mit einem sehr formschönen Fahrerhaus und in die Karosserie integrierten Scheinwerfern ausgestattete Typ Goli das bisherige Modell. Zunächst besaß dieses Fahrzeug einen luftgekühlten 16-PS-Motor, der aber wegen mangelhafter Kühlleistung 1957 durch ein wassergekühltes Aggregat mit 15 PS ersetzt werden musste. In dieser Ausführung blieb das Goli-Dreirad – als letztes seiner Art – noch bis zur Einstellung der gesamten Produktion im Jahr 1961 in den Verkaufslisten. Seit Kriegsende waren damit insgesamt 40.000 Dreiräder bei Goliath entstanden.

Goliath baute auch Vierradtransporter, um auf diesem heißumkämpften Markt nicht den An-

Hier ein wunderschöner B 4500-Speditions-Lkw mit Zweiachsanhänger, wie er bis weit in die 1960er-Jahre zum Alltagsbild auf unseren Straßen gehörte. Ab 1959 wurde dieses Modell in B 555 umbenannt.

Dieser noch 1982 im Einsatz in der Türkei angetroffene B 4500 unbekannten Baujahrs demonstriert die Solidität dieses Lastwagen-Typs.

Technisch auf der Höhe der Zeit befand sich auch dieser 1959 vorgestellte Frontlenker B 655 von Borgward, in den das Werk durchaus berechtigt große Hoffnungen gesetzt hatte. Der formal ausgezeichnet gelungene, von einem 110 PS Diesel angetriebene Lastwagen war ein Fahrzeug der oberen Mittelklasse mit Nutzlasten zwischen 5,1 und 5,6 t. Leider konnte er in seiner nur kurzen Bauzeit seine Vorzüge nicht voll entfalten.

schluss zu verlieren. Es begann 1951 mit dem wenig erfolgreichen Modell GV 800, dem zwei Jahre später der Typ Goliath-Express folgte. Dies war ein recht ansehnlicher und fortschrittlicher Transporter mit 90 km/h Höchstgeschwindigkeit, der allerdings immer noch mit einem im Zweitaktverfahren arbeitenden 29 (später 40) PS starken Motor ausgestattet war. Erst 1957 wurde dem Modell Express 1000 ein Viertaktaggregat spendiert und die Nutzlast auf 1 t angehoben. Insgesamt gesehen blieben die Zulassungszahlen aber gering und heute sind diese Modelle schon nahezu vergessen.

In der Zwischenzeit nämlich hatten dunkle Wolken begonnen, den Himmel über den Borgward-Automobil-Werken zu verfinstern. Die Ursache war mangelnde Liquidität, hauptsächlich hervorgerufen durch ein – vor allem auf dem Pkw-Sektor – viel zu breit gefächertes Bauprogramm mit je zu kleiner Stückzahl, sodass nicht rentabel produziert werden konnten. Ein bis heute heftig umstrittenes Krisenmanagement führte schließlich zu einem 1961 eingeleiteten Konkursverfahren des damals größten Arbeitgebers Bremens und damit zum Untergang des Unternehmens.

*Ein schmuckes Fahrzeug war das ab 1955 angebotene Goli-Dreirad der zur Borgward-Gruppe zählenden Goliath-Werke. Dieses 1960 gebaute Pritschenfahrzeug bewältigte eine Zuladung von 790 kg und konnte 60 km/h Höchstgeschwindigkeit erreichen.*

Christian Russe
Maurermeister
30826 Garbsen / Osterwald
Hauptstraße 154
Tel.: 05131 - 5 53 19 · Fax: 05131 / 5 27 54
www.naturstein-russe.de
Naturstein
Treppen · Fensterbänke
Bodenbeläge

*Das Büssing-Kühleremblem mit dem berühmten, dem Wappen der Braunschweiger Welfen entlehnten, stilisierten Löwen, das ab 1950 an den Fahrzeugen dieser Marke verwendet wurde*

*Die als sogenannte Büssing-Spinne ausgeführte Kühlermaske war jahrzehntelang das charakteristische Merkmal der Fahrzeuge dieses Herstellers.*

# Büssing

Die Braunschweiger Büssing-Werke konnten als einer der bedeutendsten Nutzfahrzeughersteller in Deutschland auf eine lange Tradition zurückblicken. Die Büssing AG wurde von Heinrich Büssing im Jahr 1903 als Heinrich Büssing, Specialfabrik für Motorlastwagen, Motoromnibusse und Motoren, Braunschweig, Elmstraße gegründet und entwickelte sich bis 1971 zu einem der größten Anbieter von Lastkraftwagen und Omnibussen in Mitteleuropa mit beachtlichen Exporten auch nach Übersee. Insbesondere seit den 1930er-Jahren prägten die Omnibusse mit dem Löwenemblem das Bild des städtischen Verkehrs. Spezialität von Büssing waren Fahrzeuge mit Unterflurmotor.

Als der Maschinenbau-Ingenieur Heinrich Büssing mit seinen beiden Söhnen das Büssing-Werk zur Fertigung von Nutzfahrzeugen in einer stillgelegten Wäscherei in der Braunschweiger Elmstraße gründete, begann es sogleich seinen ersten Dreitonner-Lastwagen zu bauen. Im darauffolgenden Jahr entstand ein Omnibus auf demselben Fahrgestell. Noch im gleichen Jahr eröffneten Büssing-Busse die erste Kraftpostlinie der Welt. Diese Fahrzeuge verkehrten seit dem 3. Juli 1904 auf der Strecke von Braunschweig nach Wendeburg mit einer Höchstgeschwindigkeit von 30 km/h. Auf diesem Sektor errang das junge Unternehmen schon bald Weltgeltung. Dazu gehörte auch ein Großauftrag von etwa 400 Bussen für die Londoner Verkehrsgesellschaft.

Schon vor dem Ersten Weltkrieg stellte Büssing Subventionslastzüge her. Das waren vom Staat insbesondere in der 5-Tonnen-Nutzlastklasse bezuschusste Lastwagen, die als Gegenleistung im Falle eines Falles für Kriegszwecke eingezogen werden konnten. Durch den Bau dieser Fahrzeuge war das Büssing-Werk während des Krieges voll ausgelastet; der Bau von Omnibussen hingegen kam ganz zum Erliegen. Der Betrieb beschäftigte mittlerweile

BÜSSING
VEEDOL

*Dieser prächtige, zunächst in Brüssel beheimatete Büssing-NAG-Möbelwagen des Typs VI GL entstand bereits 1931 und war ursprünglich mit einem 110-PS-Sechszylinder-Diesel ausgerüstet. 1960 zeigte das Aggregat Ermüdungserscheinungen, sodass ein neuer Motor fällig wurde. Da der neue Motor – ein V 8-Diesel von Cummins mit 150 PS – nicht unter die ursprüngliche Haube passte, wurde diese kurzerhand verlängert und stilistisch neu gestaltet. Dabei bewies der ausführende Karosseriebetrieb eine glückliche Hand: Heraus kam ein äußerst ansprechendes Erscheinungsbild, das dem der schweren Büssing-Vorkriegstypen 650 und 900 sehr nahe kam. Das schwere Schlachtschiff war bis Ende der 1970er-Jahre im Einsatz und befindet sich jetzt in Sammlerhand.*

mehr als 600 Mitarbeiter. Dennoch reichten die Kapazitäten nicht aus, sodass verschiedene Lizenzen vergeben werden mussten.

In den 1920er-Jahren machten die Heinrich-Büssing-Automobilwerke durch moderne Fertigungsmethoden in Form von der Einführung von Fließbandarbeit von sich reden. 1926 wurde das erste Fließband in Betrieb genommen. Die technische Entwicklung bei Büssing war zwischen den beiden Weltkriegen durch den Ersatz des Vergasermotors durch den wirtschaftlicheren Diesel gekennzeichnet sowie durch den Übergang vom Ketten- zum Kardanantrieb. Das erste Patent für einen Büssing Vorkammer-Diesel wurde am 28. April 1932 angemeldet. Im Jahr 1924 wurde ein als Sechsradwagen bezeichneter, mit Riesen-Luftreifen bestückter schwerer Dreiachser mit vier angetriebenen Hinterrädern die Sensation auf der Berliner Automobil-Ausstellung. Im darauffolgenden Jahr wurde die Dreiachs-Technik auf den Omnibusbau ausgedehnt. Die Berliner Verkehrsbetriebe bestellten allein mehr als 100 derartige Omnibusse.

Die Auswirkungen der Wirtschaftskrise führten 1931 zum Zusammenschluss mit dem Hersteller NAG (Nationale Automobil-Gesellschaft, Berlin) zur Büssing-NAG Vereinigte Nutzfahrzeugwerke AG, Braunschweig. Zwischen 1935 und 1939 bot die Gemeinschaft Büssing-NAG ein weites Spek-

*Der Büssing-NAG 500 S als Pritschenwagen mit Plane und Spriegeln aus dem Jahr 1935 ist ein sehr seltener Vorkriegs-Lkw. Er besitzt den Sechszylinder-Vorkammer-Diesel LD 6 mit 7412 ccm Hubraum und 95 PS Motorleistung. Dieses technisch und formal geradezu mustergültig und originalgetreu restaurierte Fahrzeug wurde bis in seine letzten Bestandteile aufgearbeitet und ist voll betriebsbereit.*

*Der legendäre 105er-Büssing wurde nach dem Schell-Typenprogramm in die 4,5-t-Einheits-Nutzlastklasse eingeordnet und bis 1945 gefertigt. Praktisch ausschließlich für den Bedarf der Wehrmacht wurde ab 1941 auch eine Allradausführung gebaut, die man als Büssing-NAG 4500 A 1 bezeichnete. Das abgebildete Fahrzeug wurde als Zivillastwagen restauriert.*

*Blick auf die Einspritzseite eines Sechszylinder-Vorkammer-Dieselmotors GD 6, der in einem Typ 7000 S eingebaut ist. Das gewaltige wassergekühlte Aggregat hat einen Hubraum von 13539 ccm.*

*Mit dem Modell 4500 S begannen die Büssing-NAG-Werke ihre Nachkriegsfertigung. Hier ein 1947 gebauter Pritschenwagen, dem eine Zuladung von 4,6 t zugemutet werden kann.*

*Hier ein Büssing-NAG-Haubenlastwagen vom Typ 5000 S als Fernverkehrszug mit Dreiachsanhänger. Seine aktive Laufbahn beendete das noch mit der vereinfachten Motorhaube nebst Kühlerschutzgitter ausgeführte Fahrzeug im Jahr 1975. 1984 wurde er in völlig desolatem Zustand vom Schrottplatz gerettet.*

trum von Lastwagen und Omnibussen an: vom kleinen 1,5-Tonner bis zum dreiachsigen Neuntonnen-Modell. Büssing war weiterhin Vorreiter im Omnibusbau. So erschien 1933 der erste Trambus, ein Frontlenker mit neben dem Fahrer stehend angeordnetem Motor, der – wie bei einer Straßenbahn – die gesamte Fahrzeuggrundfläche als Raum für die Fahrgäste nutzte. Diese Bauweise gab neue Impulse, zumal die Folgemodelle durch Einbau der Antriebsmaschine in Unterflurbauweise weitere Nutzraumverbesserungen in Anspruch nehmen konnten. Durch Ausbruch des Zweiten Weltkrieges konnte sich diese zukunftsweisende Entwicklung erst in den 1950er-Jahren vollends auswirken.

Im Rahmen der kriegsbedingten Aufrüstung wies die nationalsozialistische Regierung durch den sogenannten Schell-Typenbegrenzungsplan allen Nutzfahrzeugherstellern Schwerpunkttypen

*Die markante Haube eines Büssing 6000 S mit 120-PS-Dieselmotor*

*Hier ein 1950 gebauter Büssing 5000 S mit zwei Anhängern. Diese langen Fuhren wurden 1953 vom Gesetzgeber verboten. Das abgebildete Zugfahrzeug entstand aus einem Pritschenwagen, der in den frühen 1960er-Jahren von einer Werkfeuerwehr zu einem Pulverlöschfahrzeug umgebaut wurde.*

*Seit 1950 gab es den Schwerlastwagen Büssing 8000 mit 150-PS-Reihensechszylinder-Diesel. Dieses 1951 gebaute Exemplar gehörte zu den historischen Lastkraftwagen der ersten Stunde, als sich gegen Ende der 1970er-Jahre die Szene zaghaft zu formieren begann.*

zu. Die Büssing-Werke wurden mit dem Bau eines mit Hinterrad- und Allradantrieb hergestellten 4,5-t-Lastwagens betraut. Das mit einem 105 PS starken Sechszylinder-Dieselmotor ausgerüstete Modell war auch der erste Typ, mit dem im stark zerstörten Braunschweiger-Werk die Lastwagenproduktion unter britischer Regie bereits am 2. Mai 1945 – infolge der Kriegszerstörungen teilweise unter freiem Himmel – wieder aufgenommen werden konnte. Bis zum Jahresende konnten immerhin schon 1069 Trambusse und Lastkraftwagen die Werkstore verlassen. Bis Ende 1948 stieg die monatliche Fertigung wieder auf 180 Fahrzeuge und am 12. September 1950 rollte der 10.000. Nachkriegswagen vom Band. Die Lastwagen wurden für den Wiederaufbau dringend benötigt. Das Werk selbst war zu dieser Zeit wieder voll arbeitsfähig und wiederhergerichtet.

*Ein 1950 gebauter Büssing 8000 mit Kipppritsche und Anhänger. Auf dem Dach der Fahrerkabine befindet sich das früher vorgeschriebene klappbare Anhängerdreieck. Bei Solobetrieb wurde es in die waagerechte Stellung weggeklappt.*

*Mit dem 1952 vorgestellten Typ 8000 S 13 erschien ein auf 180 PS Motorleistung angehobener Fernverkehrslastwagen auf dem Markt. Um den größeren Motor unterbringen zu können, musste die Haube geringfügig verlängert werden, was das Erscheinungsbild dieses imposanten Fahrzeugs noch steigerte. Der hier so makellos erscheinende Bolide wurde zum Ende seiner Laufbahn als rostiges Trägerfahrgestell für einen Baukran verwendet.*

Aus dem spartanischen 4,5-Tonner der Kriegstage entwickelte Büssing den Fünftonnen-Typ 5000 S mit auf 5 t gesteigerter Nutzlast. Der aufgrund seiner Motorleistung als 105er-Büssing bezeichnete Haubenwagen wurde als Pritschenwagen und Kipper geliefert. 1950 wurde dieser durch den äußerlich weitgehend identischen 120 PS starken Typ 5500 S ersetzt. Zwei Jahre später erhöhte man die Nutzlast auf 6 t und änderte die Typenzeichnung entsprechend in 6000 S. Dieses Fahrzeug blieb bis 1957 in der Produktion. 1953 erweiterte man das Bauprogramm durch den 150 PS starken 6,5-Tonner 6500, der ein Jahr später durch den 7500 ersetzt wurde.

Bereits 1949 präsentierte sich der neue, aus dem Vorkriegslastwagen 650 abgeleitete 7-Tonner 7000 S dem Publikum. Nach Nutzlastanhebung wurde ein Jahr später daraus der Typ 8000 S mit 150 PS Sechszylinder-Diesel, dem 1953 eine mit dem 180 PS starken S 13-Motor bestückte Bauvariante folgte. Er konnte bei 16 t zulässigem Gesamtgewicht mehr als 8 t Nutzlast befördern und war damit der Fernverkehrslastwagen schlechthin. Von seinem Vorgänger unterschied er sich rein äußerlich durch seine breitere Fahrerkabine und war als Pritschenwagen, Kipper und Sattelzugmaschine erhältlich. Die Motorhaube musste geringfügig verlängert werden, um das größere Aggregat einbauen zu können. Dadurch wirkte das schwere Fahrzeug noch um einiges wuchtiger. Doch durch die Seebohmschen Verordnungen, die die Bundesbahn durch die Gewichts- und Längenbegrenzungen für den Straßengüterverkehr begünstigen sollten, wurde dieser sehr erfolgreiche Schwerlastwagen für deutsche Abnehmer bald uninteressant. Die schweren Boliden wurden für das Speditionsgewerbe unrentabel und später nur noch in geringen Stückzahlen für den Export gefertigt. Und so kam es, dass die Seebohmschen Verordnungen auf lange Sicht den

*Den Büssing 8000 S 13 gab es auch als Sattelzugmaschine. Auf diesem Bild ist ein 1954 gebautes Fahrzeug mit in den Niederlanden aufgebauter Kabine zu sehen.*

*Mit einer auf 6 t erhöhten Nutzlast löste der Büssing 6000 im Jahr 1952 seinen Vorgänger 5500 ab. Der Vortrieb des neuen Lastwagens erfolgte durch ein Sechszylinder-120-PS-Dieselaggregat. Hier ein 1953 gebautes Fahrzeug als Sattelzugmaschine mit zweiachsigem Langmaterialauflieger.*

*Dieser Burglöwe UM von 1966 ist mit einem Ackermann-Leichtmetall-Aufbau versehen und mit einem Sechszylinder-Unterflur-Diesel mit 126 PS Leistung ausgerüstet. Mit 95 km/h Höchstgeschwindigkeit war der auf einem Niederrahmenchassis erstellte Möbelwagen recht schnell.*

*Anfang der 1960er-Jahre wurde der Büssing LU 11/16 Commodore von vielen Speditionsbetrieben als Fernverkehrslastwagen eingesetzt. Der ansehnliche Frontlenker hatte einen längsliegenden 192-PS-Unterflurmotor zwischen den Achsen und konnte 9 t Zuladung verkraften. Das abgebildete Exemplar ist von 1963.*

*Die Sattelzugmaschine LS 11 S aus dem Jahr 1962 war mit einem stehenden Motor ausgerüstet – im Gegensatz zu einem Unterflurmotor, der bei den Büssing-Frontlenkern eigentlich bevorzugt eingebaut wurde. Das Aggregat befand sich zwischen den Sitzen, was zu einer erhöhten Lärm-, Geruchs- und Wärmebelästigung für die Besatzung führen konnte. Das abgebildete Fahrzeug befand sich Mitte der 1980er-Jahre noch im aktiven Einsatz – heute ist es mit an Sicherheit grenzender Wahrscheinlichkeit schon lange verschrottet.*

Übergang zum Frontlenkerlastwagen beschleunigten.

In der Zwischenzeit hatte zur IAA des Jahres 1955 der Typ LS 11 das Modell 7500 abgelöst. Der für mehr als 8 t Nutzlast ausgelegte Wagen besaß einen 170-PS-Diesel unter der langen Haube und blieb bis 1959 im Fertigungsprogramm. Das ebenfalls auf dieser Ausstellung präsentierte 130-PS-Modell LS 7 mit einer Ladekapazität von mehr als 6 t, wies die gleiche Bauzeit auf. 1957 erhöhte Büssing die Motorleistung des LS 7 auf 145 PS.

Aber auch die Bauweise mit Unterflurmotor wurde weiterentwickelt. Große Beachtung fand der erste serienmäßige Unterflur-Omnibus, der 1949 auf der Exportmesse Hannover dem Publikum präsentiert wurde. 1951 erschien das schwere Dreiachs-Frontlenkermodell 12000 U als erster Unterflur-Lastwagen. Die sechs liegenden Zylinder brachten bei 1600 Touren volle 180 PS. Das gewaltige Fahrzeug, das 12 t Nutzlast auf einer Ladelänge von 6,50 Metern befördern konnte, war aber vielen Spediteuren zu schwer und auch zu teuer. Ein großer Erfolg wurde es daher nicht – noch nicht einmal 50 Stück wurden bis 1954 gebaut. Ab 1952 gab es als Ersatz den kleineren Frontlenker 8000 U, ein aber immer noch gewichtiges Fahrzeug mit der gleichen Unterflurmaschine. Aus diesem Modell entstand 1954 der etwas leichtere Typ 7500 U mit einer auf 150 PS reduzierten Motorleistung. Hauptsächlich infolge des leichteren Antriebsaggregats konnte der 7,5-Tonner 3 Tonnen mehr tragen als er selbst wog. Tester sprachen daher vom Lastwagen der Zukunft.

Zur IAA 1955 präsentierte Büssing ein komplett neues Lastwagen-Programm, bei dem im Baukastensystem verschiedene Kombinationen von Komponenten möglich waren. Basis waren jeweils Sechszylinder-Diesel, deren Zylinder wahlweise stehend in herkömmlicher Reihenbauart angeordnet waren (S) oder liegend als Unterflur-Maschinen (U). Diese wie immer recht großvolumigen Motoren standen entweder mit 7 Litern und 130 PS (S 7 bzw. U 7) oder mit 11 Litern und 170 PS (S 11 bzw. U 11) zur Wahl. Die Haubenlastwagen hießen dementsprechend LS 7 oder LS 11, die Unterflur-Fahrzeuge LU 7 und LU 11. Außerdem gab es noch die Frontlenker mit im Fahrerhaus stehenden S-Motoren als LS 7 F oder LS 11 F. Diese Bauvarianten wurden vor allem für Kipper und Sattenzugmaschinen verwendet, da bei den kurzen Radständen keine ausreichend lange Kardanwelle zwischen dem in der Fahrzeugmitte installierten Unterflurmotor und der Hinterachse eingefügt werden konnte. Der Unterflur-Frontlenker LU 11 entwickelte sich in den folgenden Jahren zu einem der erfolgreichsten Fernverkehrslastwagen in Deutschland. Ab 1960 stand für dieses Modell eine auf 192 PS Motorleistung gesteigerte Unterflurmaschine zur Verfügung.

Kurzzeitig wagte sich Büssing mit dem ab 1953 angebotenen Viertonnen-Modell 4000 U auch in den Markt der leichten Verteiler-Lastwagen. Bereits zwei Jahre später verschwand er wieder aus den Verkaufslisten. Gewissermaßen als Nachfolger wurde ein Fünftonner angeboten, der seit 1959 unter dem Traditionsnamen Burglöwe angeboten wurde. Die Leistungsgröße mit einem 110-PS- (ab 1961 126-PS-)Dieselmotor gab es sowohl als Haubenwagen als auch als Frontlenker mit Unterflurmotor. Diese leichteren Fahrzeuge waren mit rund 90 km/h Höchstgeschwindigkeit im Straßenverkehr recht zügig zu bewegen. Als letztes Modell dieser Reihe verblieb der Typ Burglöwe U bis 1967 im Programm.

*In den 1960er-Jahren fertigten die Braunschweiger Büssing-Werke sowohl Frontlenker- als auch Haubenlastwagen. Ein schwerer Hauben-Lkw war der bis 1967 gebaute Commodore S, der von einem 200 PS starken Sechszylinder-Vorkammer-Diesel mit 11413 ccm Hubraum angetrieben wurde. Hier wird ein restaurierter Dreiseitenkipper von 1966 gezeigt.*

*Für den Transport von Langholz wurden schon immer besonders schwere und robuste Lastwagenfahrgestelle benötigt. Das hier abgebildete dreiachsige Zugfahrzeug, ein schwerer Büssing BS 32 HA mit 240 PS Motorleistung, ist mit einem vollbeladenen schweren Dreiachs-Anhänger unterwegs. Das Einsatzfoto entstand im Jahr 1986.*

1961 erschienen die für 14,5 t Gesamtgewicht konzipierten nächstgrößeren Modelle LU 7/14 (mit Unterflurmotor) und LS 7/14 (als Haubenvariante). Zwei Jahre später wurden sie in Supercargo U bzw. S umbenannt und hatten 150 PS Motorleistung. Aus der Allradausführung des Sechstonnen-Haubenwagens LS 55 entstand 1963 der bevorzugt als Baustellenkipper verwendete und bis 1967 gebaute Typ Burglöwe SAK, der ebenfalls mit dem Sechszylinder-Antriebsaggregat mit 150 PS ausgerüstet war. Als Nachfolger der großen 11-Liter-Modelle LS 11 und LU 11 traten im Jahr 1960 neue 16-Tonnen-Typen unter dem Namen Commodore an. Die Fahrzeuge waren gezielt auf das zu diesem Zeitpunkt erlaubte Gesamtgewicht ausgelegt. Die Motorleistung der Sechszylinder-Motoren stieg kontinuierlich von anfangs 170 über 192 bis auf 210 PS, die im Jahr 1965 der 11,6-Liter-Direkteinspritzdiesel erzeugte. Der große Frontlenker Commodore U wurde zu einem der zuverlässigsten und – nicht zuletzt wegen der großzügig gestalteten räumlichen Verhältnisse im Fahrerhaus (die nur durch die Unterflurbauweise möglich waren) – zu einem der beliebtesten Fernverkehrslastwagen dieser Epoche. Weder störende Motorkästen im Innenraum noch lästige Gerüche, Lärm und Hitzeabstrahlungen der Maschine beeinträchtigten den Fahrkomfort der damaligen Kapitäne der Landstraße. 1965 erreichte der Commodore in seiner Gewichtsklasse einen Marktanteil von 25 %.

Diesen Frontlenker gab es nicht nur in unterschiedlichen Fernverkehrsausführungen, die überwiegend vom Karosseriewerk Büssing & Sohn erstellt wurden, sondern auch mit Kipppritsche. Darüber hinaus bot man den Commodore auch für Sattelzugmaschinen mit stehenden Motoren an. Die schwere Haubenausführung dieser Nutzlastklasse hieß Commodore LS 11/16 und ab 1963 Commodore S. Sie entsprachen den seit 1960 wieder gelockerten Gesetzesvorschriften. Die Fahr-

*Dieses Foto zeigt einen sorgfältig restaurierten Büssing Commodore SS mit dazu passendem Dreiachs-Anhänger aus dem Jahr 1963. In seinem ersten Leben lief der Büssing als Muldenkipper. Seine Aufarbeitung wurde bis zur letzten Schraube durchgeführt, wobei drei ähnliche Fahrzeuge als Ersatzteilspender dienten.*

zeuge wurden mit dem Einheitsfahrerhaus, das auch für die Modelle Burglöwe und Supercargo verwendet wurde, ausgerüstet.

Die IAA 1965 stand bei Büssing im Zeichen einer ganzen Reihe ungewöhnlicher Neuentwicklungen. Hierbei handelte es sich um einen Unterflur-Allradlastwagen, einen Doppeldecker-Trambus sowie den Decklaster Supercargo 22-150, dessen gesamte Grundfläche als Ladefläche zur Verfügung stand. Dabei war das Fahrerhaus vor die Vorderachse und unter die nach vorne verlängerte Pritsche verlegt worden. Für dieses Konzept waren genormte Behälter vorgesehen, deren Verwirklichung große Investitionen erfordert hätte, weil ein völlig neues Transportsystem hätte eingeführt werden müssen. So kam das interessante Projekt über das Prototypenstadium nicht hinaus. Eine unübliche Konstruktion wies auch der für den innerstädtischen Verteilerverkehr vorgesehene Neuntonnentyp Burglöwe 09-110 (ab 1967 BS 09 LT) mit seinem vorverlegten Fahrerhaus auf. Dieses Modell, wie auch seine ähnlich gestalteten Nachfolgevarianten, blieben aber eher eine Ausnahmeerscheinung im Straßenbild. Hinzu kamen weitere unkonventionelle, teilweise recht spektakuläre Entwicklungsideen, wie z. B. den Commodore 16-210, der einen vor der Vorderachse liegenden Unterflurmotor aufweist.

All diese Experimente erforderten hohe Entwicklungskosten, warfen aber kaum Gewinne ab. Dies alles zehrte an den finanziellen Reserven des Unternehmens. Ende der 1960er-Jahre geriet die Firma Büssing zunehmend in wirtschaftliche Schwierigkeiten. Das führte ab 1969 zur Übernahme durch den Münchener Konkurrenten MAN. 1971 endete schließlich die wirtschaftliche Selbstständigkeit des traditionsreichen Braunschweiger Nutzfahrzeugherstellers, wenngleich der Markenname Büssing noch eine Weile für die weitergebauten Unterflur-Typen in der Bezeichnung MAN-Büssing weitergeführt wurde.

DIESEL
HBS

# Daimler-Benz

Die Daimler-Benz AG – erst ab 1989 firmiert das Unternehmen unter dem Namen Mercedes-Benz – entstand im Jahr 1926. Vor dem Hintergrund wirtschaftlicher Schwierigkeiten hatten sich die beiden Automobilpioniere Daimler und Benz schon 1924 zu einer Interessengemeinschaft zusammengefunden. Zwei Jahre später erfolgte der Zusammenschluss der Daimler-Motoren-Gesellschaft (DMG), Stuttgart-Untertürkheim, und der Benz & Cie Rheinische Automobil- u. Motorenfabrik AG, Mannheim. Beide Hersteller verfügten bereits über eine lange Tradition auf dem Gebiet der Lastwagenfertigung, die bis in die Zeit vor der Jahrhundertwende zurückreichte: 1896 stellte Gottlieb Daimler in Bad Cannstadt seine ersten Lastwagen her, Carl Benz brachte zwei Jahre später einen 6-PS-Lieferwagen auf den Markt.

Schon kurze Zeit nach der Fusion offerierte Daimler-Benz unter dem gemeinsamen Markennamen Mercedes-Benz ein neues Nutzfahrzeugprogramm, das grundsätzlich auf den früheren Benz-Modellen mit Vorkammer-Dieselmotoren basierte. Es enthielt leichte, mittlere und schwere Lastkraftwagen mit 1–5 t Nutzlast (letztere auch als Niederrahmenfahrgestell für Omnibusse), deren Fertigung 1927 anlief. Ein Jahr später kam der Dreiachser N 56 für 8,5 t Nutzlast hinzu, der entweder mit einem 100-PS-Vergasertriebsaggregat oder mit einem 70 PS starkem Dieselmotor erhältlich war.

*Unter dem traditionellen Mercedes-Stern präsentieren sich bis heute die Lastwagen des Stuttgarter Herstellers, hier auf einem Mercedes-Benz L 3000 aus dem Jahr 1937.*

*Hier ein schön wieder hergerichteter Mercedes-Benz Lo 2000 aus dem Jahr 1937. Den 2-t-Lkw gab es sowohl mit Vergaser- als auch mit Dieselmotor, die beide 55 PS leisteten. Die Dieselausführung erreichte 60, der Lkw mit Vergasermotor 65 km/h Höchstgeschwindigkeit. Beide Modelle wurden von 1932 bis 1937 gefertigt.*

*Seit 1939 wurde der Mercedes-Benz L 3000 S gebaut, der gemäß des Schell-Typenbegrenzungsplanes modifiziert worden war. Die Motorleistung des nur noch als Diesel gefertigten Vierzylinders stieg auf 75 PS. Außerdem wurde ein Fünfganggetriebe eingebaut. Dieser Dreitonner war der Hauptkonkurrent des Opel-Blitz 3 t, dem er aber letztendlich unterlegen war.*

Die gesamte Lkw-Fertigung wurde zunächst im ehemaligen Benz-Werk Gaggenau zusammengeführt. Die unmittelbar darauf einsetzende Weltwirtschaftskrise bescherte dem neugegründeten Unternehmen zunächst katastrophale Verkaufseinbußen, die erst nach dem Abflauen der Krise wieder kompensiert werden konnten. Erst die starke Nachfrage in den 1930er-Jahren führte zu einer Kapazitätsüberlastung in Gaggenau und damit zur Aktivierung von Fertigungsanlagen in den ehemaligen Daimler-Werken.

Anfang 1932 überraschte das Unternehmen Daimler-Benz die Fachwelt, indem es mit dem neuen Zweitonner L 2000 den ersten leichten Diesellastwagen der Welt vorstellte. Er war das erste Glied einer ganz neuen Nutzfahrzeuggeneration. Wirtschaftliche Erwägungen der Spediteure hatten besonders in Deutschland, einem Land ohne nennenswerte Ölvorkommen, schon ab Mitte der 1920er-Jahre zur Entwicklung von Dieselmotoren geführt. Bei Daimler-Benz bezeichnete man diese als Rohölmotoren, davon abgeleitet ist die bis heute verwendete Bezeichnung OM = Ölmotor für Dieselantriebe. Besonders im Schwerlastwagenbereich wurden in der Folge verstärkt Dieselmotoren angeboten, die den verbrauchsintensiveren Vergasermotor bald ins Hintertreffen führten. Mit dem Einbau von Dieselmotoren auch in mittlere und schwere Lastwagenmodelle griff Daimler-Benz der 1935 von der Staatsführung erlassenen Verordnung vor, die Dieselantrieb für Lastkraftwagen ab 3 t Nutzlast forderte.

*Diesem 1940 gebauten, bis zur sprichwörtlich letzten Schraube fachgerecht restaurierten Mercedes-Benz L 3000-Pritschenwagen mit Plane und Spriegeln sieht man sein Alter wirklich nicht an. Sein Chassis wurde im Jahr 1983, kurz vor seiner Verschrottung, von einem Remscheider Spediteur erworben. In mehr als vierjähriger Arbeit wurde der jetzt 70 Jahre alte Veteran innerlich und äußerlich wieder fit gemacht und sieht nun so aus als wenn er frisch aus dem Laden käme.*

*Dieser auf einem Chassis eines Mercedes-Benz Lo 3750 aufgebaute Möbelwagen hat eine wechselvolle Geschichte hinter sich. 1939 als Omnibus gebaut und nach Belgien geliefert, erhielt das Fahrzeug 1948 den Ackermann-Leichtmetall-Aufbau, mit dem er sich hier vorstellt. Das tiefe Niederrahmenfahrgestell bot mit einem Radstand von 5,50 m und niedriger Ladekante viel Platz für sperrige Möbelstücke. Der Wagen befand sich bis 1979 in Belgien als Möbelwagen im Einsatz und ging dann an einen Sammler in Bremen. Das 75 km/h schnelle Modell ist mit einem Sechszylinder-Diesel mit 7270 ccm Hubraum und 100 PS Leistung motorisiert.*

*Parade der Giganten: Drei zwischen 1938 und 1940 gebaute Mercedes-Benz-Schwerlastwagen des Typs L 6500 auf einem Nutzfahrzeugtreffen. Während das vordere Fahrzeug bereits mit der Ganzstahlkabine ausgeführt ist, besitzen die beiden übrigen Modelle noch die eckige Kabine in Gemischtbauweise.*

In den kommenden Jahren beteiligte sich die Daimler-Benz AG stark in die Herstellung von Militärfahrzeugen. Der Bau von Zivillastwagen hatte in den 1930er-Jahren mit einer sehr großen Typenbreite einen vorläufigen Höhepunkt erreicht. Das Fertigungsprogramm, das mit den Modellen L 1100 bis L 10000 alle Nutzlastklassen zwischen 1–10 t umfasst hatte, fand mit dem Inkrafttreten des Typenbegrenzungsplanes der Reichsregierung (Schell-Plan) ein Ende. Diesen Bestimmungen zufolge war das Unternehmen nur noch für die Nutzlastklassen 3, 4, 5 und 6 t zuständig. Alle übrigen Typen mussten aus dem Programm entfernt wer-

den. Dennoch entwickelte man im Stammwerk Untertürkheim zusätzlich den 1,5-Tonner L 1500, der schon bald durch das Nachfolgemodell L 1500 S abgelöst wurde. Während des Krieges wurden sie in großen Stückzahlen sowohl als allradgetriebener Mannschaftswagen (Kübel) für die Wehrmacht als auch für Feuerwehraufbauten (LLG bzw. LF 8), aber auch als Pritschenwagen verwendet. Die Fahrzeuge, mit deren Entwicklung sich das Unternehmen auf eigenes Risiko über die staatliche Anordnung hinweggesetzt hatte, bewährten sich ausgezeichnet.

*Seite 44/45: Der sehr verbreitete Mercedes-Benz 4,5-Tonner L 4500 S mit 112 PS Dieselmotor zeigte sich während des Krieges als sehr widerstandfähig und blieb auch nach 1945 weiter in der Produktion. Das abgebildete Modell von 1947 ist noch mit dem überwiegend aus Holz gefertigten vereinfachten Einheits-Fahrerhaus der Kriegsjahre ausgerüstet. Zuletzt ein Holztransporter mit Nachläufer, wurde es in den frühen 1980er-Jahren restauriert und ist auch heute noch regelmäßig auf zahlreichen Nutzfahrzeugtreffen zu Gast.*

TRANSPORTE
Vorhelm i/W.

32
WAF-V 48

*Zwischen 1935 und 1940 befand sich auch der Schwerlastwagen L 6500 im Bauprogramm der Daimler-Benz-Werke. Unter seiner voluminösen Haube arbeitete bis 1938 ein 120-PS-Sechszylinder-Diesel, danach ein solcher mit 150 PS Leistung. Die Nutzlast betrug 6,5 t, die Maximalgeschwindigkeit mit Schnellgang 60 km/h.*

*Hier ein 1952 gebauter 5-t-Kipper des Typs LK 5000, ausgerüstet mit einem Sechszylinder-Vorkammer-Diesel mit 120 PS Motorleistung. In den 1990er-Jahren wurde das auf einem Schrottplatz stehende, dem Verfall preisgegebene Wrack in letzter Minute gerettet und umfassend restauriert.*

Dieser vorbildlich restaurierte Fernverkehrszug Mercedes-Benz L 5000 wurde 1950 gebaut und gehört heute einer Fuldaer Spedition. Für die Fortbewegung, die allerdings maximal 65 km/h beträgt, sorgt ein 120 PS starker Sechszylinder-Vorkammer-Diesel des Typs OM 67/8.

In den 1950er-Jahren erreichte der mittelschwere Mercedes-Benz-Lkw L 3500 schnell die unangefochtene Marktführerschaft in dieser Klasse. Kein Lkw wurde zu dieser Zeit in derart großen Stückzahlen verkauft. Im Bild zwei restaurierte Allradkipper mit dem kurzen 3,60-m-Radstand: vorn ein 1959 gebauter Fünftonner LK 321, dahinter ein 4,5-Tonner LK 312.

Der gut restaurierte Mercedes-Benz LK 311/36 von 1956 hat einen Sechszylinder-Vorkammer-Diesel OM 312 mit 100 PS sowie ein Fünfganggetriebe. Er ist mit Hinterradantrieb und kurzem Radstand ausgeführt.

*Das Fahrerhaus und der Aufbau des Mercedes-Benz L 3500 mit Kofferaufbau wurden in den Niederlanden gefertigt. Das 1953 gebaute Fahrzeug ist noch mit dem 90-PS-Motor ausgerüstet.*

Der ebenfalls in großen Stückzahlen gefertigte, mit einem Vierzylinder-Diesel ausgerüstete Dreitonner L 3000 enttäuschte dagegen in manchen Belangen. Denn in der Geländeausführung erwies er sich – besonders bei den schlechten Straßenverhältnissen Russlands – gegenüber dem Hauptkonkurrenten Opel-Blitz unterlegen. Im Juni 1942 verfügte die Reichsregierung daher, dass Daimler-Benz anstelle des L 3000 den Dreitonner-Blitz L 701 herzustellen hat. Dieser aufgezwungene Opel-Nachbau wurde auch noch in den ersten Nachkriegsjahren, bis zum Erscheinen des Mercedes-Benz L 3250 im Jahr 1949, gebaut. Dem ungeliebten Produkt wurde aber nie die Ehre zuteil, als äußere Kennzeichnung den Mercedes-Stern zu tragen.

Zu dieser Zeit baute Daimler-Benz auch den 4,5-Tonner L 4500 mit 112 PS starkem Sechszylinder-Diesel, der sich durch große Solidität und Zuverlässigkeit auszeichnete. Neben dem bereits erwähnten Opel-Lizenzbau war es vor allem dieser 4,5-Tonner, mit dem die Daimler-Benz-Lastwagenproduktion nach dem Zusammenbruch des Deutschen Reichs in den schwer zerstörten Werken langsam wieder ins Rollen kam. Bis 1949 konnten trotz der Schwierigkeiten insgesamt 10.300 Dreitonner L 701 und 3.202 4,5-Tonner L 4500 gefertigt werden. Zusätzliche Komplikationen bereitete die Tatsache, dass die einzelnen Fertigungsstandorte über drei unterschiedliche, schwer überschreitbare Besatzungszonen verteilt waren.

Die Hannover Messe des Jahres 1949 markierte den Neubeginn. Als Neukonstruktion stand der mittelschwere Lastkraftwagen L 3250 zur Verfügung, der bereits Anfang 1950 durch Auflastung

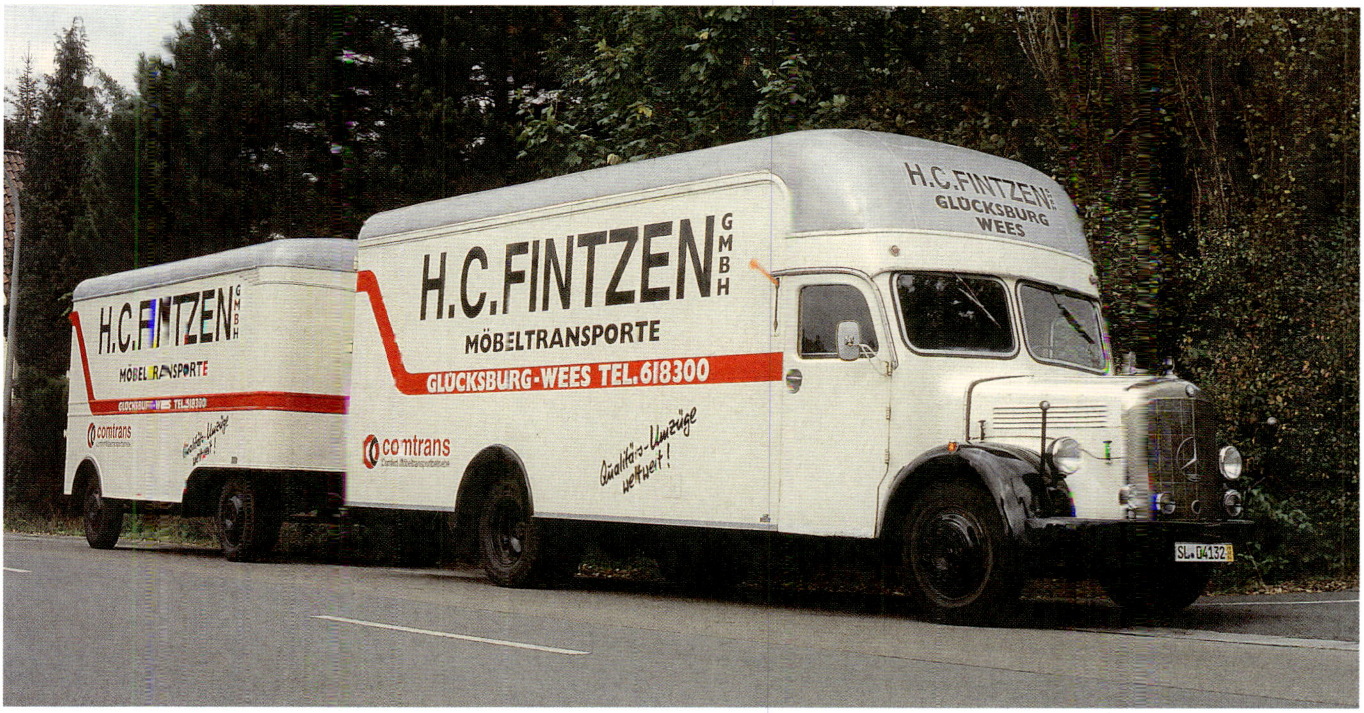


*Hier ein 1955 gebauter Mercedes-Benz Lo 312/42 Möbelzug mit Anhänger, aufgebaut von der Firma Stauffen in Eislingen. Das Fahrzeug stand bis in die 1980er-Jahre bei einer Möbelspedition in Fellbach bei Stuttgart im Einsatz und wurde anschließend nach Glücksburg verkauft.*

*Der abgebildete Mercedes-Benz LK 4500/36 mit zweiachsigem Pritschenanhänger war noch bis 1984 im Einsatz bei einem Berliner Kohlenhändler.*

*Dieses Bild zeigt einen gut restaurierten LK 311/36-Kipper mit Anhänger. Dieser hinterradgetriebene Lastwagen besaß ein Fünfganggetriebe und den 100-PS-Diesel.*

zum 3,5-Tonner L 3500 aufgewertet wurde. Dieses Fahrzeug wurde in den 1950er-Jahren zum Dauerbrenner. Bis 1961 entstanden von allen Ausführungen etwa 135.000 Fahrzeuge – eine Produktionsziffer, die kein anderer Lastwagen in Deutschland erreichte. Die weitgehend auf dem Opel-Lizenzbau basierende Konstruktion bewährte sich so gut, dass während der langen Produktionszeit nur unwe-

*Aus dem Jahr 1957 stammt dieser Mercedes-Benz L 311/36 mit Plane, Spriegeln und zweiachsigem Anhänger. Er gehörte einem Mühlenbetrieb in Weilerwist und fuhr noch bis 1988 mindestens einmal pro Woche seine Route zum Düsseldorfer Hafen, um dort Getreideprodukte abzuholen.*

sentliche Änderungen erforderlich waren. Zum L 3500 gesellte sich ab Juli 1953 eine 4,5-t-Ausführung, die mit verstärkter Blattfederung und Bereifung ausgerüstet war und als L 4500 angeboten wurde. Dieser nicht mit dem L 4500 der Kriegszeit zu verwechselnde Lastwagen verkaufte sich in der Folgezeit noch besser als der 3,5-Tonner. 1955 änderten sich die Typenbezeichnungen: Aus dem L 3500 wurde der L 311 und aus dem 4,5-Tonner wurde der L 312. Von 1957 bis 1959 wurde die 5,5-t-Variante L 321 angeboten, deren Verkaufserfolge sich allerdings in Grenzen hielten und die deshalb auch schnell aus den Verkaufslisten verschwand. Alle genannten Modelle konnten auch mit Allradantrieb erworben werden. Diese Fahrzeuge waren einheitlich mit dem Sechszylinder-Vorkammer-Diesel OM 312 mit 90 PS Motorleistung ausgerüstet. Im Jahr 1955 wurde die Leistung auf 100 PS angehoben und bereits ab 1954 gab es den OM 312 wahlweise auch mit 115 PS leistender Turboaufladung. Diese Variante kam sehr häufig in Feuerwehrfahrzeugen zum Einbau.

In der nächstschwereren Nutzlastklasse wurde im Jahr 1949 der bereits erwähnte L 4500 zum 5-t-Lkw L 5000 verstärkt. Außerdem wurde er mit einer Ganzstahlkabine und mit auf 120 PS gesteigerter Motorleistung versehen. Bis 1953 wurde dieses Modell mit der noch aus der Vorkriegszeit stammenden eckigen Motorhaube gebaut, ehe es durch den L 5500 (ab 1954 L 325) ersetzt wurde. Es war ein im Speditionsverkehr sehr beliebter schwe-

*Das in Niederrahmenbauweise ausgeführte Haubenfahrgestell des 3,5-t-Mercedes-Lkw O 3500 wurde recht häufig als Plattform für Omnibusse verwendet. Hier ein 1954 gebautes Exemplar, dessen Aufbau von der Karosseriefirma Vetter erstellt wurde.*

*Noch im Jahr 1990 befand sich dieser sehr gepflegte Mercedes-Benz L 311/36 als Reservefahrzeug für Kanalsaug- und Straßensprengwagen beim Stadtreinigungsamt Landsberg am Lech im Dienst. Der Aufbau stammt von der Firma Haller. Das bereits 30 Jahre alte Fahrzeug besaß den Sechszylinder-Vorkammer-Diesel mit 100 PS Motorleistung.*

*Mit rund 6,5 t maximaler Zuladung zählte der Mercedes-Benz Typ L 325 bereits zur leichteren Schwerlastklasse. Im Jahr 1954 trat er die Nachfolge des L 5500 an. Motorisiert mit einem Sechszylinder-Vorkammer-Diesel mit 7270 ccm Hubvolumen und 125 PS Leistung war das Fahrzeug in der Lage, mit bis zu 70 km/h durch die Lande zu fahren. Hier ein topp restauriertes Exemplar aus dem Jahr 1955.*

*Dieser schöne Mercedes-Benz LK 325 mit Meiller-Kipper fuhr in seiner von 1955 bis 1974 währenden Dienstzeit Briketts und Eierkohlen aus dem niederrheinischen Braunkohletagebaugebiet des Raumes Quadrath-Ichendorf ins Ruhrgebiet. 1988 erweckte ein engagierter Sammler den vom Zahn der Zeit schon arg in Mitleidenschaft gezogenen Lastwagen zu neuem Leben.*

rer Mittelklasse-Lkw, der bis 1961 im Programm blieb.

Mit dem 1950 vorgestellten neuen 6,6-t-Typ L 6600 hatte Daimler-Benz auch wieder ein Schwerlastwagenmodell im Programm, das im Vergleich zur Konkurrenz aber relativ leicht war. Besonderes Kennzeichen war seine sehr wuchtige Motorhaube, unter der der neukonstruierte Sechszylinder-Reihendiesel OM 315 mit 145 PS arbeitete. 1954 wurde der L 6600, den es auch als Kipper, Sattelzugmaschine und mit Allradantrieb gab, in L 315 umbenannt und war mit verstärkter Bereifung nun auch als Achttonner zu betreiben. 1956 folgte der mit einem 200-PS-Motor ausgerüstete 8,5-Tonner L 326. Nach den Seebohmschen Gesetzen war dieses Fahrzeug ursprünglich nur für den Export vorgesehen. Doch schließlich konnte er nach Anpassung auch in der Bundesrepublik zugelassen werden. Aus diesem Typ ging 1961 – als letzter Ableger der Haubengeneration – der L 334 hervor,

*In den frühen 1950er-Jahren war der Mercedes-Benz L 6600 das Flaggschiff innerhalb der Daimler-Benz-Lastwagen-Flotte. Im schweren Fernverkehr war dieser große Schwerlastwagen sehr verbreitet, aber schon in den frühen 1970er-Jahren waren die Tage der allerletzten noch im Dienst stehenden Exemplare gezählt. Dieses 1952 beim Kölner Karosseriebauer Hall entstandene Fahrzeug ist mit einer sogenannten Schwalbennest-Schlafkabine ausgerüstet. 1996 wurden die mehr als gründlich vorgenommenen Restaurierungsarbeiten beendet und der L 6600, zu dem es auch einen passenden Dreiachs-Anhänger gibt, erstrahlte in neuem Glanz.*

der zuletzt als Kipper und Sattelzugmaschine im Programm stand.

Zu Beginn der 1950er-Jahre tauchten auch die ersten Daimler-Benz-Fahrzeuge der mittelschweren und schweren Nutzlastklassen als Frontlenker auf. Merkwürdigerweise wurden diese Modelle als LP bezeichnet: Lastwagen in Pullman-Ausführung. Da die Unternehmensleitung diese Bauart anfangs als eine eher kurzlebige Modeerscheinung einstufte, überließ man den Umbau der Fahrzeuge zunächst Karosseriebetrieben. In erster Linie waren dies die Firmen Kässbohrer, Wackenhut und Binz, aber auch andere. Um der steigenden Nachfrage Rechnung zu tragen, entschloss sich Daimler Benz, ab Mitte 1954 werksseitig eigene, auf dem Wackenhut-Entwurf basierende Frontlenkerkabinen anzubieten.

Die ab Anfang 1958 in der Bundesrepublik für Neufahrzeuge in Kraft tretenden Maß- und Gewichtsbeschränkungen hatten große Auswirkungen auf alle Neukonstruktionen für den Fernverkehr. Trotz vieler Nachteile enthielten diese Verordnungen aber auch Vorteile, die erst später hervortraten. So förderten sie allgemein den Leichtbau und verhalfen schließlich den Frontlenkern und Sattelzügen zum Durchbruch. Der 1958 erstmals gebaute Mercedes-Benz LP 333, auch Tausendfüßler genannt, war ein typisches Produkt dieses für die Nutzfahrzeugindustrie unsicheren Zeitabschnitts. Mit dem Modell wurde der Versuch

*Im Jahr 1955 wurde dieser Möbelzug auf einem Niederrahmenfahrgestell Lo 6600 aufgebaut. Bis Anfang der 1980er-Jahre war er im regulären Einsatz, bevor er einer umfassenden Totalrestauration unterzogen wurde. Das Fahrzeug besaß eine schnelle Getriebeübersetzung, die bis 100 km/h reichte.*

*Ab 1958 wurde der Mercedes-Benz L 334 mit 192 PS Motorleistung angeboten – zunächst allerdings nur für den Export, da die deutsche Gesetzgebung diese schweren Kaliber nicht erlaubte. Nach Lockerung der Bestimmungen im Jahr 1960 tauchte der LKW auch im Inlandsprogramm auf. Hier ein bei München beheimatetes Fahrzeug mit Dreiachsanhänger von 1960, das als Spezialtransporter für Getreideschüttgut verwendet wurde. Bis weit in die 1980er-Jahre wurde dieser schöne Zug noch aktiv zur Erntesaison eingesetzt.*

*Die Daimler-Benz AG stand den in den 1950er-Jahren auf den Markt drängenden neuen Frontlenkern zunächst eher zurückhaltend gegenüber. Erst 1957 brachte sie selbst erste Modelle heraus, die durch ein verrundetes werkseigenes Fahrerhaus gekennzeichnet waren. Der abgebildete LP 1113 von 1964 war mit einem Direkteinspritzdiesel mit 126 PS ausgerüstet. Seine aktive Dienstzeit endete 1987, bevor er in vierjähriger Arbeit restauriert wurde.*

unternommen, die Verordnungen in eine betriebswirtschaftlich sinnvolle Lösung umzusetzen. Das Besondere an diesem hinterradgetriebenen 9-t-Lkw waren zwei gelenkte Vorderachsen. Motorisiert war der LP 333 mit einem 200 PS starken Sechszylinder-Vorkammer-Diesel. Es war der gleiche Motor, der sich auch in der hiervon abgeleiteten Sattelzugvariante LPS 333 befand. Diese blieb bis 1963 im Programm. Auch die späteren, mit modernisierten Kabinen versehenen Typen LP 338 und LP 1418 hielten sich recht lange und zuverlässig im schweren Fernverkehr.

1956 gelang Daimler-Benz mit dem kleinen Frontlenkertyp L 319 der erfolgreiche Einstieg in die leicht Nutzlastklasse bis 2 t. Diese Klasse wurde bis dahin von Opel und Hanomag beherrscht. Das in vielen unterschiedlichen Ausführungen bis Ende 1967 im Wesentlichen unverändert gebaute Modell (zuletzt L 406/L 408) verhalf Daimler-Benz zu einem weiteren, wichtigen Standbein und einer beachtlichen Stärkung der Position gegenüber den konkurrierenden Anbietern.

Zumindest erwähnt werden sollte an dieser Stelle der seit 1952 aus der Produktion der Firma Boehringer übernommene Typ Unimog. Dieses ursprünglich nur für landwirtschaftliche Verwendung zugeschnittene Universal-Motor-Gerät entwickelte sich bis heute – technisch ständig weiter optimiert – zu einem der großen Verkaufserfolge des Hauses.

Mit der Vorstellung des Mercedes-Benz 6,5-Tonners L 322 im Jahr 1959 wurde eine neue Fahrzeug-

*Der als Tausendfüßler bezeichnete Mercedes-Benz LP 333 verfügte über einen 200-PS-Diesel und ist mit zwei gelenkten Vorderachsen und Wackenhut-Fernverkehrskabine ausgestattet. Nach der Seebohmschen Gesetzgebung von 1960 durfte er lediglich als 32-t-Zug, d. h. mit einem zweiachsigen Anhänger, auf bundesdeutschen Straßen verkehren – der Betrieb mit dem abgebildeten Dreiachsanhänger wäre völlig undenkbar gewesen.*

generation in der Kurzhaubenbauweise eingeführt. Bei dieser Bauform, auch Halbfrontlenker genannt, wurden die Vorteile der guten Sichtverhältnisse des Frontlenkers und die gute Motorzugänglichkeit des Haubenwagens vereint. Es fand bei der Kundschaft einen derart großen Anklang, dass manche dieser Modelle, die vornehmlich für den Export gedacht waren, bis weit in die 1990er-Jahre fabriziert wurden.

Die 1960er-Jahre führten sukzessive zur Umstellung des gesamten Lastwagen-Verkaufsprogramms: die neuen Kurzhauber waren auf dem Vormarsch. Diese Maßnahme beinhaltete auch die schweren Haubenmodelle, sodass der 7,3-Tonner L 337 den Anfang machen musste. Schon bald gab es eine geradezu verwirrende Vielzahl der unterschiedlichsten Modelle in praktisch allen Gewichtsklassen, die mit einer ebenso großen Zahl von Motorvarianten erhältlich waren. Den L337 gab es

als Zwei- oder Dreiachser, als Pritschenwagen, Kipper, Sattelzugmaschine oder als Sonderfahrgestell jeweils mit Spezialausführungen für fast jeden denkbaren Verwendungszweck. Auch das Modell mit Allradantrieb gelangte als Militärmodell für den Export zu einer großen Bedeutung.

Gleichzeitig entwickelte man für die Frontlenkerlastwagen weiterhin abgerundete Fahrerhäuser, die aber nun mit durchgehender Panoramascheibe gestaltet waren und sich damit erneut an den Wackenhut-Entwurf anlehnten. Besonders verbreitet war z. B. der 100-PS-Typ LP 323, der mit 7,5 t zulässigem Gesamtgewicht noch mit dem Führer-

*Der Mercedes-Benz LA 1924 – hier als restaurierter Kipper mit Dreiachs-Anhänger – gehörte zu den schweren Kurzhaubermodellen. Dieser Typ war mit dem Sechszylinder-Direkteinspritz-Dieselmotor OM 335 mit 11580 ccm Hubraum ausgerüstet, der 240 PS bei 2200 U/min erzeugen konnte. Der Allradantrieb war während der Fahrt zu- und abschaltbar.*

schein der Klasse 3 gefahren werden durfte. Dieses Modell wurde von 1963 bis 1968 als LP 710 angeboten. Andere Fahrzeuge dieser Frontlenkergeneration hielten sich teilweise bis weit in die 1980er-Jahre im Bauprogramm.

Im September 1963 stellte Daimler-Benz ein völlig neukonstruiertes Fahrerhaus vor. Dieses war zunächst für den schweren Frontlenker gedacht, und so war es der 202 PS starke Neuntonnentyp LP 1620 der den Anfang machte. Die neue kubisch geformte Kabine war zwar noch nicht kippbar, fand aber auf Anhieb eine große Zustimmung beim Publikum. Und so wurde sie in den folgenden Jahren auch bei den leichten und mittelschweren Modellen eingeführt. Ein kippbares Fahrerhaus wurde erst ab 1969 verwendet.

Mit der Übernahme der Krupp-Vertriebsorganisation im Jahr 1968 und vor allem mit der vier Jahre später erfolgten Eingliederung der Hanomag-Henschel-Werke konnte Daimler-Benz seine mittlerweile marktbeherrschende Stellung weiter festigen und ausbauen, sodass sich für Expansion und Bestehen des Unternehmens die Zukunftsaussichten weiterhin günstig darstellen.

# DKW

Die 1932 entstandene Auto-Union AG war eine Fusion aus dem Kleinwagen- und Motorradproduzent DKW, der Oberklasse-Marke Audi, dem Luxusfahrzeuge-Hersteller Horch und dem Mittelklassewagenproduzent Wanderer. Trotz des neuen Firmennamens wurden die Fahrzeuge nach wie vor unter ihren alten Markennamen verkauft, ergänzt durch die vier Ringe der Auto Union. Zu diesem Zeitpunkt war die Auto-Union AG führend in der Entwicklung von Zweitaktmotoren, die in den von diesem Unternehmen hergestellten Motorrädern und Personenkraftwagen verwendet wurden.

Der 1949 auf der Exportmesse in Hannover vorgestellte DKW-Schnell-Laster mit Zweitaktmotor war das erste Nutzfahrzeug nach dem Krieg, das dieser nun in Ingolstadt ansässige Hersteller produzierte. Technisch baute der Laster auf dem bekannten PKW-Modell DKW Meisterklasse auf, war aber als Transporter in Frontlenker-Bauart für die damalige Zeit richtungsweisend. Der Frontlenkertyp F 89 L war zunächst mit einem 20 PS starken (ab 1952 22 PS) Zweizylinder-Zweitaktaggregat motorisiert. Er fand eine gute Aufnahme am Markt, zumal ihm zunächst kaum nennenswerte Konkurrenz gegenüberstand. Das sollte sich allerdings ändern, als der VW-Transporter auf der Bildfläche erschien. DKW reagierte, indem der Schnell-Laster in den nächsten Jahren mehrfach überarbeitet wurde, um ihn hinsichtlich seiner Leistung deutlich aufzuwerten.

Zunächst erhielt der F 89 L im Mai 1952 einen längeren Radstand und eine breitere Spur, um mehr Laderaum zu gewinnen und die Straßenlage zu verbessern. Auch das neue Vierganggetriebe stellte eine deutliche Verbesserung dar. Ab 1954 wurde der jetzt als Typ 30 bezeichnete DKW mit einem 30-PS-Motor und mit auf 800 kg erhöhter Zuladung ausgeliefert. Der Motor war nunmehr vor der Vorderachse installiert und das Getriebe war synchronisiert. Im August 1955 stellte DKW den verbesserten Schnell-Laster 3 = 6 (F 800/3) mit Dreizylinder-Zweitaktmotor vor, der nun 896 ccm Hubraum und 32 PS aufwies. Der 90 km/h schnelle Transporter blieb allerdings nur bis 1962 im Pro-

*Ab 1955 gab es den verbesserten DKW 3 = 6, unter dessen abgeschrägter Frontpartie der aus der Pkw-Fertigung abgeleitete Dreizylinder-Zweitaktmotor mit 32 PS seinen Dienst versah. Der mit 800 kg Nutzlast beladene Transporter konnte dabei immerhin 90 km/h erreichen. Hier ein sauber restaurierter Achtsitzer-Bus aus dem Jahr 1956.*

gramm, da das laute Motorgeräusch und die von dem Zweitaktaggregat ausgehende Geruchsbelästigung von der anspruchsvoller werdenden Kundschaft als nicht mehr zeitgemäß empfunden wurde. Durch das weitere Festhalten am Zweitaktverfahren auch im Personenwagenbereich sanken die Verkaufszahlen ab 1957 kontinuierlich. Das Ende der Auto-Union erfolgte 1968 durch die Übernahme in die Daimler-Benz AG.

*Das Schwergewicht der Faun-Werke lag eindeutig in der Produktion von Schwerlastwagen und Baustellenfahrzeugen. Dieses Bild zeigt den 1950 gebauten 7,5-Tonner L 7 Z als Dreiseitenkipper, der von einem wassergekühlten 150-PS-Sechszylinder-Diesel mit 13538 ccm Hubraum angetrieben wurde. Ursprünglich war er bei einem Nürnberger Bauunternehmen im Einsatz, bevor er Anfang der 1980er-Jahre wieder gründlich hergerichtet wurde.*

# Faun

Die Faun-Werke (Fahrzeugfabriken Ansbach und Nürnberg) gründeten sich als Zusammenschluss mehrerer Firmen 1918 in Nürnberg. In den 1930er-Jahren bauten sie Spezialfahrzeuge für den Kommunalbereich (hier insbesondere Müllwagen), konzentrierten sich aber auch auf Schwerlastwagen mit bis zu 15 t Nutzlast sowie Zugmaschinen. Und so entwickelten die Faun-Werke bereits Ende der 1920er-Jahre den zukunftsweisenden Rolltrommelmüllwagen, bei dem der gesamte Aufbau nach oben gekippt wurde und so die hinten eingeschütteten Müllmengen nach vorne rutschten und sich gleichzeitig durch ihr Eigengewicht verdichteten.

Neben dem Hersteller Kaelble wurden die Faun-Werke führend im Bau von Schwerfahrzeugen. 1938 baute Faun den ersten deutschen Vierachser mit zwei gelenkten Vorderachsen. Dieser schwere Frontlenker wurde von einem im rückwärtigen Teil des Fahrerhauses installierten 200-PS-Diesel angetrieben. Während des Krieges waren vor allem die Zugmaschinen für die Wehrmacht unverzichtbar und das Nürnberger Werk mit deren

*Seite 62/63: Als Baukran endete die Laufbahn dieses mit einem 130-PS-Diesel ausgerüsteten Faun-Dreiachsers F 603 von 1952. Vor einigen Jahren wurde das Fahrzeug total überholt und mit einem neuen, zeittypischen Kofferaufbau versehen.*

*Ein gewaltiges Schlachtschiff und zugleich eine ausgewiesene Rarität ist dieser 1953 gebaute, dreiachsige Faun-Lkw des Typs L 900. Für den nötigen Vortrieb sorgte ein voluminöser 130 PS starker Sechszylinder-Diesel. Zuletzt war dieser gewaltige Bolide als Kranwagen bei einer Magirus-Vertretung bis in die frühen 1970er-Jahre im Einsatz. Die umfassenden Restaurierungsarbeiten waren 1997 beendet.*

*Der Achttonner L 8 L/56 von Faun mit luftgekühltem 180-PS-Deutz-Wirbelkammer-Diesel war in den frühen 1950er-Jahren eine feste Größe im schweren Fernverkehr der Wirtschaftswunderjahre. Eines der ganz wenigen heute noch erhaltenen Fahrzeuge dieses Typs ist dieser Pritschenwagen, der sein Überleben nur seiner letzten Funktion als Abschleppwagen zu verdanken hat.*

Thermoswagen
Gebr. Heyer K.G.
Kraftwagenspedition
Neersen / Rhld.
Telefon 95 86-0
Güterfernverkehr
NW L 1849 dü
Standort Neersen

r. Heyer K.G.
FAUN

*Das Bild zeigt einen 1952 gebauten Faun F 60 K Sepp in der Ausführung als Dreiseitenkipper in voller Aktion im Sandkastengelände eines Veteranentreffens. Dieser kräftige Lkw war hauptsächlich für den Solobetrieb konzipiert und konnte mit bis zu 7 t beladen werden. Seine Motorisierung bestand aus einem luftgekühlten Deutz-Diesel mit 130 PS.*

*Die Faun-Werke gehörten lange Jahre zu den wichtigsten Haus- und Hoflieferanten der Bundeswehr. So wurde auch dieser 1973 gebaute Zugmaschinenprototyp MHZ 2030/40 regelmäßig angeliefert. Das 19,6 t schwere Fahrzeug war für Panzertransporte auf Tiefladeanhängern mit 90 t Anhängelast vorgesehen, ging im Endeffekt aber nicht in Serie. Unter der überlangen Haube arbeitete ein Zwölfzylinder-Deutz-Diesel mit 16848 ccm Rauminhalt und 315 PS Leistung. Zum Ende seiner Laufbahn wurde der MHZ 2030/40 einem zivilen Verwendungszweck zugeführt, ehe es nach der Restaurierung endgültig aufs Altenteil ging.*

Produktion voll ausgelastet. Im Jahr 1943 fielen die Fertigungsanlagen nahezu vollständig alliierten Luftangriffen zum Opfer.

Die Nachkriegsproduktion begann zunächst mit Umbauten ehemaliger Wehrmachts-Zugmaschinen für zivile Zwecke. Später kam auch die Herstellung von Müllwagen der Vorkriegsbauart und Kranwagen für die Besatzungstruppen hinzu. 1948 erschien ein 4,5-t-Lkw mit 90 bzw. 100 PS-Motor, der in kleinen Stückzahlen gebaut wurde. Ab Mai 1949 wurde der 6,5-t-Typ L 7 mit 150-PS-Deutz-Motor hergestellt, dessen Tragfähigkeit ab 1950 auf 7,5–8 t erhöht wurde. Den L 7 gab es auch als Frontlenker L 7 V und als Sattelschlepper L 7 S. 1951 ersetzte der mit wassergekühltem 180-PS-Deutz-Sechszylinder-Diesel bestückte Schwerlastwagen L 8 das bisherige Modell. Auch von diesem neuen Achttonner gab es die Frontlenkervariante L 8 V. Ihr Motor war auf einen Schlitten montiert, der für Wartungs- und Reparaturarbeiten komplett nach vorn hin herausgezogen werden konnte. Die mit großvolumigen Motoren ausgerüsteten Modelle L 7 und L 8 waren betont konservative, solide und ausdauernde Lastkraftwagen im Fernverkehr. So wurde der mit zwei Anhängern ausgestattete L 7 in der Firmenwerbung auch als Güterzug der Landstraße bezeichnet. Allerdings wurde der Betrieb von zwei Anhängern 1953 vom Gesetzgeber verboten. Speziell für Baustellen- und Erdbewegungsarbeiten wurde 1953 der schwere Dreiachser Faun L 900 entwickelt, dem bis zu 16 t Nutzlast zugemutet werden konnte. L 8 und L 900 blieben bis 1962 – in kleinen Stückzahlen gefertigt – im Produktionsprogramm.

Während die bis dahin hergestellten Faun-Lastwagen nur mit wassergekühlten Aggregaten des Motorenlieferanten Deutz bestückt wurden, erhielt der 1950 vorgestellte 6,5–7-Tonner F 60 Sepp erstmals einen luftgekühlten 130-PS-Sechszylinder-Diesel aus dem gleichen Hause. Aufgrund seiner kompakten Abmessungen erlangte dieser wendige Lastwagen insbesondere in der ab 1951 lieferbaren Kipper-Variante F 60 KF im Baustellenverkehr Bedeutung.

1955 begannen die Faun-Werke, eine neue Typenreihe am Markt einzuführen: die Modelle F 55, F 56 und F 64, die für Nutzlasten zwischen 4,5 und 5,6 t ausgelegt waren, besaßen einheitlich

*Ein weiterer Schwerpunkt des Faun-Fertigungsprogramms war der Bau von Kommunalfahrzeugen. Das Bild zeigt einen Faun F 50/44 V-Müllwagen mit Haller-Aufbau aus dem Jahr 1970.*

modernisierte Fahrerhäuser mit ungeteilten Frontscheiben, abgerundeten Motorhauben und in die Kotflügel integrierte Scheinwerfer. Im gleichen Jahr lösten die ähnlich gestalteten 7,2–8,4-t-Modelle F 66 und F 68 mit Motorleistungen von 125 und 170 PS den F 60 Sepp ab. Während der F 66 mit einem Sechszylindermotor vorlieb nehmen musste, verfügte der F 68 über einen luftgekühlten Achtzylinder.

Darüber hinaus hatte Faun Schwerlastwagen und Zugmaschinen im Programm, die vielfach über Allradantrieb verfügten und damit besonders für schweren Baustellenbetrieb oder militärische Verwendung geeignet waren. An die Bundeswehr lieferte Faun ab 1956 vor allem Zugmaschinen und dreiachsige Tankwagen der 10–12-t-Klasse.

Um den neuen Maß- und Gewichtsvorschriften im Lkw-Verkehr zu entsprechen, wurden die F 68-Modelle im Jahr 1960 durch den Typ F 687 ersetzt, der mit einem 195 PS starken Achtzylinder-Deutz-Diesel aufwartete. Der F 687 blieb als Haubenwagen oder Frontlenker-Lkw bis 1969, zuletzt mit bis zu 250 PS Motorleistung, im Verkaufsangebot. Im Bereich der schweren Fernverkehrswagen hatte Faun in den 1960er-Jahren – ähnlich wie Kaelble – nur noch geringe Verkaufserfolge.

Aus der Konkursmasse der Ostner-Werke übernahm Faun 1955 die Konstruktion eines Frontlenker-Schnelllastwagens, der sich seit 1957 in überarbeiteter Form als 1,7-t-Typ F 24 im Programm befand. Unter anderem wurde er mit einem Vierzylinder-70-PS-Diesel ausgerüstet. Das neben vielen Ausführungen auch für Feuerwehraufbauten verwendete Fahrgestell war in überarbeiteter Form bis 1968 in den Verkaufslisten zu finden. Seit den 1970er-Jahren konzentrierten sich die Faun-Werke fast ausschließlich auf Einzelanfertigungen oder kleine Serien von meist schweren Spezialfahrzeugen. 1986 wurde Faun von Orenstein & Koppel übernommen und 1990 an einen japanischen Kranhersteller weiterverkauft.

*Die Buchstaben FK als Zeichen für Ford-Köln prangten auf den Motorhauben der Ford-Modelle der frühen 1950er-Jahre.*

# Ford

1926 begann die Montage von Personen- und Lieferwagen des Ford T-Modells in einer kleinen Fabrik am Berliner Westhafen. Bevor sich Ford für eine eigenständige deutsche Fertigung entschied, waren es noch in den USA gefertigte Teile, die hier zusammengebaut wurden. Am 2. Oktober 1930 legte Henry Ford im Beisein des Kölner Oberbürgermeisters Konrad Adenauer den Grundstein zu einer komplett neuen Fertigungsstätte im Kölner Ortsteil Niehl. Kaum ein halbes Jahr später rollte der erste Lastwagen des Typs AA vom Band. 1932 folgte das Vierzylindermodell BB mit 50 PS, das 1942 in B 3000 umgenannt wurde. Parallel hierzu erschien 1935 der Dreitonner V 3000 S mit V 8-Vergasermotor. Dieses Modell wurde in großen Stückzahlen für die Wehrmacht gefertigt. Anstelle der doppelt bereiften Hinterachse gab es diesen Typ auch mit Kettenlaufwerk unter der Bezeichnung Maultier mit unterschiedlichen Aufbauten. Im übrigen waren alle Ford-Lastwagen eng mit ihren amerikanischen Geschwistern verwandt, sodass während des Zweiten Weltkrieges auf beiden Seiten der Front gleichartige Ford-Modelle bei den kämpfenden Truppen eingesetzt wurden.

In dem von Kriegszerstörungen kaum betroffenen Ford-Werk konnte bereits am 8. Mai 1945 – nur zwei Monate nach der durch Besetzung durch US-Truppen beendeten Lastwagenproduktion – der erste Lkw die Fertigungshallen verlassen. Nach diesem Dreitonner vom Typ B 3000 wurde 1946 auch das mit einem V 8-Motor bestückte 3-t-Modell V 3000 erneut aufgelegt. Diese beiden Lastkraftwagen hießen ab 1948 Ruhr (B 3000) und Rhein (V 3000). Letz-

teres Modell war anfänglich nur den Besatzungsmächten vorbehalten. Zusätzlich gab es ab 1949 den 1,5–2-t-Schnelllastwagen G 38 T mit 52-PS-Vergasermaschine, der ebenfalls unter der Typenbezeichnung Ruhr lief. Ein Jahr zuvor erschienen die Typen G 790 und G 798 B als Frontlenkermodelle in den Angebotslisten. Sie wurden für Omnibus- und Feuerwehraufbauten (Löschfahrzeugsonderserie für die US-Besatzungsstreitkräfte) verwendet.

Seit 1951 wurde die Nutzlast der Ford-Lastwagen angehoben und gleichzeitig das äußere

*Als äußerlich nahezu identisches Nachfolgemodell des schon während des Krieges gebauten Ford V 3000 S wurde ab 1948 der Typ Rhein hergestellt, der mit einem Achtzylinder-Vergasermotor mit 95 PS Leistung bestückt war. Das abgebildete Modell ist ein als Militärlastwagen restauriertes Fahrzeug aus dem Jahr 1950.*

Erscheinungsbild der Modelle mit waagerechten Chromzierleisten in der Frontpartie aktualisiert. Die Verkaufsbezeichnungen wurden so geändert, dass man aus ihnen die Nutzlast in Kilogramm bestimmen konnte. Folgende Typen befanden sich nun im Angebot:

*Das zeitgleich zum Typ Rhein gefertigte Modell Ruhr unterschied sich von ersterem hauptsächlich durch den schwächeren Vierzylinder-Vergasermotor mit 52 PS. Die Nutzlast betrug bei beiden Fahrzeugen 3 t. Lediglich in der Höchstgeschwindigkeit war der Ruhr mit 60 km/h seinem Pendant mit 85 km/h deutlich unterlegen.*

- FK 2000 mit 2 t Nutzlast und 52-PS-Vierzylinder-BB-Motor (die Bezeichnung BB ging auf das 1932 erstmals gebaute Lkw-Modell gleichen Namens zurück)
- FK 3000 BB mit 3 t Nutzlast und leistungsgesteigertem 57-PS-BB-Motor
- FK 3500 V 8 mit 3,5 t Nutzlast und 95-PS-Achtzylindermotor (ab 1952 mit 100 PS)
- FK 3500 D mit 3,5 t Nutzlast und 95-PS-Sechszylinder-Hercules-Dieselmotor.

Neu war der Typ FK 3500 D, mit dem bei Ford erstmals ein Diesellastwagen in Deutschland vertreten war. Hier wurde ein Fremdfabrikat in Form des in Lizenz gefertigten Dieselmotors des amerikanischen Herstellers Hercules verwendet. Trotz allem konnte das Verkaufsprogramm auf dem deutschen Markt keine auf Dauer befriedigende Absatzresultate erzielen. Nur die gesicherten Großaufträge durch Bundeswehr und Besatzungsmächte, die immer noch Vergasermotoren bevorzugten, brachten die Verkaufszahlen in eine akzeptable Höhe.

Ab 1953 lieferte Ford das erste Transportermodell FK 1000 aus. Dieser Schnelllieferwagen, der später unter der Bezeichnung FK 1250 bzw. Transit verkauft wurde, blieb das erfolgreichste Ford-Nutzfahrzeugmodell. Ihm wurden laufend Detailverbesserungen zuteil, sodass es auch heute noch eine starke Position am Markt behaupten kann. Für die Bundeswehr war der Dreitonner G 398 SAM mit 92-PS-V-8-Vergasermotor bedeutsam, der unter dem Spitznamen Nato-Ziege bekannt wurde. Dem im September herausgebrachten Lastwagenmodell FK 4000 S mit 4,3 t Nutzlast, war kein langes Leben beschert.

Auf der Frankfurter Automobilausstellung (IAA) im Herbst 1955 präsentierte Ford eine völlig neue Lastwagenreihe mit Nutzlasten zwischen 2,5

*1955 stellte Ford eine optisch und technisch völlig neue Lastwagengeneration vor, die mit neukonstruierten, ventillosen Zweitakt-Wirbelkammer-Dieselmotoren mit Roots-Spülluftgebläse ausgerüstet waren. Leider neigten die noch ungenügend ausgereiften Antriebsaggregate sehr zur Störanfälligkeit. Die Abbildung zeigt einen 2,5-Tonner FK 2500 D, der mit einem solchen 80 PS starken Vierzylinder-Motor in V-Bauweise motorisiert war.*

und 4,5 t. Sie fiel schon rein äußerlich durch die ansprechend gestaltete Form des Einheitsfahrerhauses mit dem verchromten Lufteinlassgitter (Haifischmaul) positiv ins Auge. Anfang 1956 lief die Produktion der neuen, aus folgenden Modellen bestehenden Lkw-Reihe an:

- FK 2500 mit 2,5 t Nutzlast und 80-PS-Vierzylinder-V-Dieselmotor bzw. 100-PS-V-8-Vergasermotor
- FK 3500 mit 3,5 t Nutzlast und 120-PS-Sechszylinder-V-Dieselmotor bzw. 100-PS-V-8-Vergasermotor
- FK 4500 mit 4,5 t Nutzlast, ausgerüstet mit dem Motor des Typs FK 3500. Dieses Modell war auch mit Allradantrieb erhältlich.

In motortechnischer Hinsicht basierten diese Modelle auf den vom Grazer Professor List neu entwickelten, ventillosen Zweitakt-Dieselmotoren mit verlustfreier Gebläse-Umkehrspülung, die pro Zylindereinheit nur drei bewegliche Teile (Kolben, Pleuelstange und Kurbelwelle) besaßen und somit günstige Voraussetzungen für geringen Verschleiß boten. Leider war die Technik noch ungenügend ausgereift und erprobt. Sie konnte trotz aller Bemühungen auch in der Folgezeit ihre Kinderkrankheiten nie ganz ablegen. Dadurch geriet die Marke Ford als Lastwagenhersteller zunehmend in Verruf; die Absatzzahlen sanken dramatisch. Deshalb entschloss sich die US-amerikanische Konzernleitung, ab 1961 auf eine eigenständige Lkw-Produktion in Köln ganz zu verzichten und nur noch den Transit als Transporter herzustellen. Die seit den 1970er-Jahren erneut unternommenen Versuche, auf dem deutschen Markt mit aus Großbritannien importierten Modellen sowie dem amerikanischen Komponentenfahrzeug Transcontinental wieder Fuß zu fassen, blieben weitgehend erfolglos.

# Hanomag

Im Jahr 1835 gründete Georg Egestorff in dem kleinen Örtchen Linden bei Hannover eine Eisengießerei und Maschinenfabrik, die anfänglich in erster Linie stationäre Dampfmaschinen herstellte. 1846 wurde die erste Lokomotive produziert und Dampfschienenfahrzeuge wurden fortan zum Hauptproduktionszweig und wichtigsten Standbein des jungen Unternehmens. Lokomotiven entstanden schon bald in großer Stückzahl, sodass 1873 die tausendste Lokomotive ausgeliefert werden konnte.

1905 baute das Werk seinen ersten dampfbetriebenen Lastkraftwagen. Der Verkauf dieses mit Koks befeuerten Hinterradmodells war aber nicht lukrativ genug, sodass die Sparte schon bald zu Gunsten landwirtschaftlicher Motorpflüge und der vermehrten Produktion von Lokomotiven wieder aufgegeben wurde.

Ab 1920 produzierte Hanomag landwirtschaftliche Kettenschlepper mit 25 und 50 PS. Mitte der 1920er-Jahre kam auch der Einzylinder-Kleinwagen mit Spitznamen Kommißbrot hinzu. Diese Bezeichnung, die auf die rundliche Form des Aufbaus zurückgeführt werden kann, ist selbst heute noch vielen Automobilfreunden geläufig. Im gleichen Jahr, nämlich 1924, wurde mit dem Modell WD der erste Vergasertraktor in Blockkonstruktion vorgestellt. Vier Jahre später war der erste Dieselmotor fertig, der im Traktoren- und Lastwagenbau Verwendung finden sollte.

Während der Lokomotivenbau 1931 aufgegeben wurde, kam für das Unternehmen, das seit 1932 unter dem Namen Hannoversche Maschinenbau AG (Hanomag) firmierte, ein neuer Produktionsbereich hinzu: der Bau von Lastwagen. Das Erstlingswerk war ein überaus fortschrittlicher Frontlenker-Lkw in der 3,5–4-Tonnen-Nutzlastklasse, der mit einem in der Fahrzeugmitte installierten 55-PS-Unterflurmotor ausgerüstet war. Dank der Frontlenkerkabine konnte er mit einer sehr langen Ladefläche aufwarten. Das Konzept war inmitten der kantigen Hauber der damaligen Zeit offensichtlich noch weit voraus, denn ein wirtschaftlicher Erfolg wurde dieses Modell nicht. Das Kerngeschäft wurde damals mit der Personenwagen-, aber auch der Traktorenfabrikation erzielt.

Ein besonders starkes und berühmtes Zugpferd war die unverwüstliche, schwere 100-PS-Zugmaschine Gigant SS 100 (Nachkriegsbezeichnung ST 100), von der zwischen 1936 und 1952 über 6.000 Stück mit verschiedenen Fahrerhausvarianten gebaut wurden. Der wassergekühlte Sechszylinder-Vorkammer-Diesel besaß 8553 ccm Hubraum und sorgte für eine außerordentlich große Zugkraft. Während des Krieges wurde das meist mit

*Von 1936 bis 1942 wurde die schier unverwüstliche Hanomag-Straßenzugmaschine SS 100 gebaut. Für Wirtschaft und Wehrmacht war dieses sehr zugstarke Fahrzeug gleichermaßen unverzichtbar. Hier ein restauriertes Exemplar im Wehrmachtslook.*

Doppelkabine und Seilwinde ausgerüstete Fahrzeug in großen Stückzahlen von der Wehrmacht – so z. B. als Flugzeugschlepper – eingesetzt. In Friedenszeiten hatten vor allem Schausteller und Zir-

*Die leichten Lastkraftwagen der L 28-Typenfamilie bildeten in den 1950er-Jahren die wichtigsten Produkte im Lkw-Bau der Hanomag-Werke in Hannover. Hier ein L 28 als Kipper mit 1,75 t Nutzlast und 50 PS Diesel, der 1983 noch im täglichen Einsatz war.*

kusunternehmen vielfältige Verwendungsmöglichkeiten für den Giganten.

Nach Kriegsende widmete sich die Hanomag neben der Herstellung von Traktoren und Zugmaschinen verstärkt dem Lkw-Bau. Der Fertigungsbereich Personenwagen wurde wieder gestrichen, obwohl ein Prototyp schon fast serienreif war. Aber der große Bedarf an Nutzfahrzeugen beanspruchte alle verfügbaren Kapazitäten. Auf dem Brüsseler Autosalon des Jahres 1950 präsentierte das Hannoveraner Unternehmen den 1,5-t-Schnelllastwagen L 28. Der sehr moderne Diesellastwagen mit Vierzylinder-45-PS-Motor (ab 1951 mit 50 PS) wurde sofort zu einem Erfolg. Das der amerikanischen Machart nachempfundene attraktive Frontstyling mit breitem Frontgrill und integrierten Kotflügeln hat sicherlich dazu beigetragen. Der L 28 war im Übrigen der erste Diesellastwagen dieser Nutzlastklasse nach Kriegsende. In den folgenden Jahren entwickelte sich aus dem Grundmodell eine ganze Fahrzeugpalette, die bei äußerlich nahezu identischem Erscheinungsbild Nutzlasten bis zu 3 t bewegen konnte. Die Motorleistung der schwereren Typen konnte durch Einsatz einer Roots-Gebläseaufladung auf 65 bzw. 70 PS gesteigert werden.

Vom L 28 abgeleitet gab es ab April 1955 auch das 1,5-t-Allradmodell AL 28 mit aufgeladenem Motor. Dieser Typ war vor allem bei Bundesgrenzschutz, Bereitschaftspolizei und Technischem Hilfswerk weitverbreitet. Ab 1957 erhielt die L 28-

*Die Abbildung zeigt einen restaurierten Hanomag L 28-Pritschenwagen aus dem Jahr 1954. Das sehr handliche Fahrzeug verfügte über einen Vierzylinder-50-PS-Vorkammer-Diesel aus eigenem Hause sowie ein Viergang-Schaltgetriebe von ZF.*

*Formal deutlich besser gelungen als die vorausgegangene Generation waren die im Jahr 1967 vorgestellten neuen Frontlenker. Ihr sachlich-kantiges Aussehen entsprach dem Erscheinungsbild eines Lastwagens viel besser. Dieser schöne, 1968 gebaute F 65-Pritschenwagen mit 80-PS-Motor war für 3,3 t Nutzlast ausgelegt und stand Ende der 1980er-Jahre noch im Dienst.*

Baureihe überarbeitete Fahrerhäuser mit durchgehenden Panoramafrontscheiben und seitlichen Ausstellfenstern. Bis 1960 blieben die Lastwagen mit annähernd 65.000 Stück in allen Ausführungen die wichtigsten Produkte der Firma Hanomag in diesem Fertigungsbereich. Damit konnte Hanomag den zweiten Platz nach Opel im Verkauf der leichten Klasse der Lastkraftwagen einnehmen.

1958 begann die Ablösung der bewährten Haubenwagen durch moderne Frontlenker. Den Anfang machte das Modell Kurier, das mit der 50-PS-Maschine des L 28 ausgerüstet war. Ein Jahr später folgte der 2,5-Tonner Garant und im darauffolgenden Jahr der 3,2-Tonner Markant als das größte Fahrzeug dieser Klasse. Alle Modelle besaßen das gleiche Fahrerhaus und unterschieden sich allein durch Fahrwerk und Motorisierung. Die Motoren wurden unter den Sitzen im Bereich der Vorderachse platziert, sodass ein durchgehender Fußraum innerhalb der Kabine entstand. Diese Fahrzeuge konnten an die guten Erfolge der Haubenmodelle anknüpfen und blieben fast zehn Jahre im Verkaufsprogramm.

Auf Dauer aber konnte die rundliche Formgebung des Fahrerhauses und die damals schon 20 Jahre alten Vorkammer-Dieselmotoren nicht befriedigen. 1967 warteten die mittlerweile zum Rheinstahl-Konzern gehörenden Hanomag-Werke mit einer völlig neuen, nach dem Baukastenprinzip konstruierten Frontlenkerreihe auf. Anstelle der Typennamen wählte man für die neue F-Reihe einfache Ziffernkombinationen. Die Modelle reichten vom Zweitonner F 45 bis zum 5,3-Tonner F 86 mit Motorleistungen zwischen 65–115 PS. Zur IAA 1969 wurde die Markenbezeichnung Hanomag in Hanomag-Henschel geändert, denn seit 1965 gehörte auch das Kasseler Unternehmen Henschel zum Rheinstahl-Konzern. Als Rheinstahl sich vom Lastwagen-Geschäft trennen wollte, griff Daimler-Benz als deren schärfster Konkurrent zu und übernahm zwischen 1968 und 1972 nach und nach die einzelnen Rheinstahl-Töchter und führte sie zu einer Daimler-Benz-Tochtergesellschaft zusammen. Die zumindest mündlich betonte Zweimarkenstrategie wurde nicht verwirklicht. 1973 verschwanden die Markennahmen Hanomag und Henschel in der Versenkung, was auch das Ende der gut verkäuflichen F-Reihe bedeutete.

*Der Henschel-Stern prangte bis Ende der 1960er-Jahre an der Front der in Kassel gefertigten Lastwagen.*

# Henschel

1810 gründete Georg Christian Carl Henschel in Kassel ein eigenes Unternehmen und begann 1816 mit dem Bau von Dampfmaschinen. 1848 entstand die erste Lokomotive mit dem furchteinflößenden Namen Drache. Der Lokomotivbau entwickelte sich zum wichtigsten Geschäftszweig dieses metallverarbeitenden Unternehmens, das zum 100-jährigen Firmenjubiläum im Jahr 1910 die Fertigstellung der 10.000. Lokomotive feierlich begehen konnte.

Nach Ende des Ersten Weltkriegs sah sich die Firma Henschel & Sohn aus wirtschaftlichen Gründen genötigt, sich nach einem neuen krisensicheren Produktionszweig umzusehen. Die Zukunft sah man im Bau von Lastwagen. Da man kein unnötiges Risiko eingehen wollte, begann Henschel ab 1925 mit dem Lizenzbau des Lastwagens Rex, der ein fertiges Schweizer Produkt der Firma FBW war. Das für die damalige Zeit recht fortschrittliche Fahrzeug war mit einem 50-PS-Vergasermotor und Kardanantrieb ausgestattet. 1928 folgte der erste eigenständig entwickelte Vergasermotor mit 85 PS.

1932 lief die Lizenzfertigung eines neuentwickelten, nach dem Lanova-Luftspeicherverfahren arbeitenden Dieselmotors an. Dieses Verfahren arbeitete deutlich weicher als herkömmliche Die-

*Dieser seltene, in unsere Zeit hinübergerettete Vorkriegs-Lastwagen ist ein Henschel Typ 30 T 1, ausgerüstet mit einem Vierzylinder-Diesel mit 70 PS Motorleistung. Der recht modern wirkende Dreitonner aus dem Jahr 1938 besitzt die 1937 neu vorgestellte, optisch überarbeitete Kühlerverkleidung, die bereits auf die nach dem Krieg realisierte Stilrichtung hinwies.*

selmotoren, da ein Teil des Kraftstoffs von einem separaten Luftspeicher kontrolliert in den Hauptbrennraum gedrückt wurde und dort eine besonders gute Verwirbelung und intensivere Ausnutzung der zugeführten Energie bewirkte. Infolge der niedrig gehaltenen Zünddrücke liefen Lanova-Motoren wesentlich leiser als konventionelle Dieselmotoren. Schon bald stand dieses Antriebsaggregat mit Motorstärken von 65, 110, 135 und 170 PS zu Verfügung und konnte für das folgende umfangreiche Lastwagenprogramm verwendet werden. Die in den 1930er-Jahren entstandene Lkw-Reihe bestand aus mehreren Fahrzeugen zwischen 2,5 und 10 t Nutzlast. Große Bedeutung erlangten die Henschel-Werke auch als Produzent von geländegängigen Lastwagen. Die Dreiachser 33 D 1 und 33 G 1 wurden ab 1934 gebaut und mit 100-PS-Vergaser- bzw. Dieselmotoren an die Wehrmacht geliefert. Da diese Allradfahrzeuge auch mit Flugfeld-Tankspritzen hergestellt wurden, konnten auch die Fliegerhorste der neuen Luftwaffe von ihnen profitieren. Doch der Schell-Typenbegrenzungsplan verfügte, dass ab 1939 nur noch ein 4,5-Tonner – der neue 125-PS-Lkw Mercur 4500 – gebaut werden durfte.

Der Zweite Weltkrieg hinterließ bei den Kasseler Henschel-Werken Zerstörungen von mehr als 80 %. Hinzu kam, dass das Werk, weil es nach Ansicht der Besatzer während des Dritten Reiches zu stark mit der Rüstungsproduktion betraut, bis zum Jahr 1949 mit einem Produktionsverbot für Lastwagen belegt wurde. Erst ab Frühjahr 1946 durften Indus-

*Der Schwerlast-Lkw Henschel HS 140 ging 1951 in Serie und blieb bis zum Beginn des folgenden Jahrzehnts das Flaggschiff im Typenprogramm dieses Herstellers. Es war ein grundsolider, hauptsächlich für den Fernverkehr vorgesehener Lastkraftwagen, dem man bisweilen eine etwas höhere Motorleistung seines nach dem Lanova-Verbrennungsverfahren arbeitenden Sechszylinder-Luftspeicher-Diesel gewünscht hätte. Hier ein wunderschöner Tanksattelzug mit HS 140 S-Zugmaschine und zweiachsigem Auflieger aus dem Jahr 1956.*

trielokomotiven und Kleindieselmotoren eingeschränkt gebaut und Nutzfahrzeuge repariert werden. Zu einer Spezialität der vom Mutterkonzern gelösten Auffanggesellschaft Hessia wurde die Umrüstung von ausgesonderten, mit extrem durstigen Benzinmotoren ausgerüsteten US-Lastwagen auf sparsamere Modelle mit Dieselantrieb. Vor allem nahm man sich der GMC-Dreiachser an, die nach Umbau an zivile Kunden weiterveräußert wurden. Erst 1948 durfte das Unternehmen wieder unter dem alten Namen Henschel firmieren.

Während alle anderen deutschen Nutzfahrzeughersteller bereits neue Nachkriegskonstruktionen

vorgestellt hatten, musste sich Henschel noch mit dem Bau von Einbaumotoren begnügen. Erst 1950 konnte das Unternehmen den Sechstonnen-Schwerlastwagen HS, der mit einem Sechszylinder-Lanova-Diesel 513 DC mit 140 PS Motorleistung angetrieben war, als seine erste Neuentwicklung nach Kriegsende vorstellen. Für die Serienfertigung wurde das noch etwas hausbacken und plump wirkende Fahrerhaus gefälliger gestaltet und das Modell – nun als 6,5-Tonner klassifiziert – der Leistung entsprechend als HS 140 bezeichnet. Die Lastwagen der Bauserie HS 140 gab es als Pritschenwagen, Sattelzugmaschine, Kipper und den Letzteren ab 1955 auch in Allrad-Ausführung. Dieser solide Lastwagen fand einen recht guten Anklang am Markt und blieb bis Anfang 1962 – zuletzt nur noch als Allradkipper für den Export – im Produktionsprogramm. 1955 wurde die Fahrerkabine geringfügig aktualisiert und die Motorleistung zunächst sehr zögerlich auf 145 PS, drei Jahre später auf 165 PS erhöht.

*Diese seltene Fotoaufnahme zeigt einen Henschel HS 140 mit verlängertem Rahmen und Nachlaufachse, der 1981 in der Türkei bei der Verladung von Zementsäcken noch im Einsatz angetroffen werden konnte. Solche hierzulande schon längst ausgestorbenen Modelle standen besonders im Nahen Osten, aber auch in anderen Ländern oft noch jahrelang im Dienst.*

*Dieses Bild zeigt einen Tankzug, geführt von einem 1960 gebauten Henschel HS 140, der mit einem 192 PS starken Sechszylinder-Direkteinspritz-Diesel mit 11045 ccm Hubraum ausgerüstet ist. Die Tankaufbauten von Zugfahrzeug und Dreiachsanhänger erfolgte durch einen Karosseriebetrieb in Beckum.*

*Mit den mittelschweren Lastwagen der HS 100-Typenreihe konnten die Henschel-Werke einen guten Verkaufserfolg landen. Von allen Varianten verließen bis Ende der 1960er-Jahre weit über 30.000 Einheiten die Werkstore. Hier ein HS 12 H mit 132-PS-Sechszylinder-Diesel von 1962.*

*Die Abbildung zeigt eine Henschel HS 95-Sattelzugmaschine mit Auflieger für Möbeltransporte aus dem Jahr 1958. Der HS 95, eine etwas verkleinerte Ausführung des HS 100 mit geringerer Nutzlast, ist an den im Bereich der Scheinwerfer vorhandenen Wölbungen unschwer zu identifizieren. Für die Fortbewegung war ein 100 PS starker Sechszylinder-Diesel verantwortlich.*

Große Beachtung fand auch der 1950 vorgestellte doppelmotorige Frontlenker HS 190 S, der auch Bimot genannt wurde. In Ermangelung eines ausreichend leistungsfähigen Antriebsaggregats und infolge der alliierten Baubeschränkungen wurden zwei Sechszylinder-95-PS-Motoren zusammengekoppelt. Ein Erfolg wurde der gewaltige Halbfrontlenker allerdings nicht. Und so sind im Endeffekt nur zwei Sattelschlepper-Dreiachszugmaschinen für 21.000 l-Tankauflieger und einige Omnibusse gebaut worden.

Ungleich erfolgreicher war hingegen der auf der Frankfurter IAA 1951 erstmals präsentierte mittelschwere 4,5-t-Lastwagen HS 100, dessen modernes Fahrerhaus über eine im Vergleich zur Konkurrenz nur kurze Motorhaube verfügte. Wie zeitlos das Design der Kabine tatsächlich war, zeigte sich darin, dass die Modellreihe bis 1969 äußerlich fast

*Mitte der 1950er-Jahre boten auch die Henschel-Werke Fahrgestelle an, die für Frontlenker-Aufbauten geeignet waren. Im Bild ein HS 165 T mit Kögel-Fahrerhaus und dazu passendem Dreiachsanhänger aus dem Jahr 1956. Der weit in den Fahrerraum hineinragende Sechszylinder-Diesel hatte eine Motorleistung von 165 PS und konnte maximal 66 km/h erreichen. Dieser schöne Fernverkehrszug wurde Ende der 1990er-Jahre restauriert.*

unverändert weitergebaut wurde. Gemäß seiner Typenbezeichnung wies das Sechszylinder-Lanova-Antriebsaggregat 512 DG anfangs 100 PS Leistung auf. Der HS 100 und seine vielen Nachfolge- und Parallelmodelle wurde zum Dauerbrenner. Während der 20-jährigen Bauzeit wurden Motorleistungen und Nutzlasten stetig aufgestockt. So stieg die Leistung 1955 auf 105 PS und 1959 auf 132 PS bei rund 6,5 t Nutzlast. Zusätzlich gab es die Typen HS 120 mit 125 PS (ab 1958 mit 150 PS) und HS 95 mit 110 PS (ab 1959 mit 115 PS). Ende 1958 wurde die geteilte Frontscheibe durch eine großflächige, ungeteilte Panorama-Einheit ersetzt. Zu dieser Reihe zählte auch das Dreiachs-Fahrgestell des Typs HS 3-125, das ab 1957 mit einer 125-PS-Maschine ausgestattet und hauptsächlich für Kipper- und Betonmischer-Aufbauten verwendet wurde.

Nach dem glücklosen HS 190 S bot Henschel 1953 erstmals wieder einen Frontlenker an, der auf Basis des schweren Haubenwagens HS 170 – einer Weiterentwicklung des HS 140 – konzipiert wurde. Der HS 170 T, dessen Motor, wie damals bei den meisten Frontlenkern üblich, weit in den Fahrerraum hineinragte, entwickelte trotz der wattierten Kunstlederverkleidung einen beachtlichen Geräuschpegel nebst Hitzeabstrahlung. Dieses Modell wurde 1955 durch den bis 1960 gefertigten HS 165 T ersetzt. Darüber hinaus gab es bis zu Beginn der 1960er-Jahre eine Reihe weiterer, leistungsschwächerer Frontlenkervarianten mit geringerer Nutzlast, die auch als Folge der Unsicherheit gebaut wurden, die die neuen Maße und Gewichte im Fernverkehr vor dem Hintergrund der straßenverkehrsfeindlichen Gesetzgebung mit sich brachte.

Bekannt geworden als sehr robuster Baustellenkipper für nahezu jedes Gelände wurde der erstmals 1955 vorgestellte 16-t-Allradkipper HS 3-180 TAK, der das gleiche Frontlenkerfahrerhaus wie der HS 165 T aufwies. 1957 wurde das schon große Einsatzspektrum dieses Boliden noch um einiges erweitert, indem der 180 PS starke Wagen auf 20 t Nutzlast aufgelastet wurde, womit ein zulässiges Gesamtgewicht von maximal 34 t erreicht war. Die Henschel-Dreiachser, allen voran das schwere Modell, genossen zu jener Zeit einen so guten Ruf, dass sie u. a. auf vielen Großbaustellen und in Steinbrüchen – auch im Export – unverzichtbar waren. Die Resonanz war so positiv, dass dieses Modell unter der Bezeichnung HS 34 TAK, nunmehr mit 192 PS Motorleistung, bis 1965 weitergefertigt wurde, obwohl das Henschel-Lkw-Programm bereits 1961 auf neue Typen umgestellt worden war.

Zur IAA 1961 wurde ein großer Teil des Henschel-Lastwagen-Programms auf neue, im Design zeitgemäßere Modelle umgestellt. Die bisher rundlichen Fahrerhäuser wichen nun solchen mit klarem, kantigem Stil, die sich – sowohl Frontlenker als auch Hauber – durch eine geriffelte Front auszeichneten, auf der der Henschel-Stern prangte. Die kippbar ausgeführten Fahrerhäuser waren in ihren Bestandteilen größtenteils austauschbar. Die ersten Modelle waren die Typen HS 14 und HS 16 für 14 t bzw. 16 t Gesamtgewicht. Diese Hauber waren vor allem als Kipper sehr verbreitet. Zeitgleich erschienen die beiden Typen unter den Bezeichnungen HS 14 T bzw. HS 16 T auch als Frontlenker. Aus diesen Modellen entwickelte sich

*1955 entwickelte Henschel einen unter der Baubezeichnung HS 3-180 TAK angebotenen schweren Dreiachskipper, der zunächst mit einem Gesamtgewicht von 20 t betrieben wurde. 1961 wurde in das nun als HS 34 bezeichnete Modell ein auf 192 PS leistungsgesteigerter Motor eingebaut. Gleichzeitig stieg das Gesamtgewicht auf bis zu 34 t. Diese gewaltigen Fahrzeuge bewährten sich in allen Einsatzbereichen des In- und Auslands ganz hervorragend, was sich durch ihre lange Bauzeit dokumentieren lässt. Dieses Exemplar befand sich noch Ende der 1980er-Jahre im Einsatz.*

*Ab 1961 wurde ein großer Teil des Henschel-Lastwagenprogramms auf ein neues, zeitgemäßeres Design umgestellt. Die bislang rundlichen Fahrerhäuser wichen nun solchen mit klarem, kantigen Stil und einer geriffelten Front. Abgebildet ist ein H 161 K, der mit einem 240 PS starken Sechszylinder-Direkteinspritz-Diesel ausgerüstet war.*

im Laufe der Zeit ein umfangreiches Programm von Lastwagen, die im Baukastensystem für unterschiedlichste Verwendungszwecke und mit verschiedenen Motorleistungen und Nutzlasten gefertigt wurden. So gab es ab 1963 mit dem Modell HS 22 T auch einen Frontlenker-Dreiachser, dessen Hauben-Pendant HS 22 H auch mit Allradantrieb angeboten wurde. Mit Detailverbesserungen blieben diese Typen bis zur Einstellung der Fertigung in den Verkaufslisten. Darüber hinaus wurden, obwohl im äußeren Erscheinungsbild nicht mehr ganz neu, auch die auf dem HS 100 der 1950er-Jahre basierenden Haubenwagen wegen ihrer Unverwüstlichkeit weiterhin gut verkauft. Das letzte ab 1967 gebaute Modell HS 140 war in seiner Motorleistung mittlerweile bei 160 PS angelangt.

Nachdem sich bereits 1957 ernsthafte Liquiditätsproblems bei Henschel gezeigt hatten – woran die völlig einseitigen Regierungsverordnungen einen ganz wesentlichen Anteil hatten –, begann das Unternehmen 1961 eine Kooperation mit dem zum Renault-Konzern gehörenden französischen Hersteller Saviem. Leider zeigte diese Zusammenarbeit nur wenig greifbare Erfolge. 1964 wurde Henschel an die Essener Rheinstahl AG veräußert, die sich wiederum 1969 unter der Beteiligung von Daimler-Benz zu den Hanomag-Henschel-Fahrzeugwerken zusammenschloss. Obwohl die Fahrerhäuser der Henschel-Modelle noch 1968 überarbeitet worden waren, erfolgten die anschließenden Neuvorstellungen bereits mit Daimler-Benz-Motoren. 1971 übernahm Daimler-Benz den gesamten Lkw-Fertigungsbereich von Hanomag-Henschel. Damit wurde die Herstellung von Henschel-Lastwagen bis zum Jahr 1974 stufenweise beendet.

*1967 brachten die mittlerweile zum Rheinstahl-Konzern gehörenden Henschel-Werke den schweren Dreiachs-Allradkipper H 261 AK heraus. Dieses schwere Fahrzeug besaß einen 240-PS-Direkteinspritz-Diesel und war für 26 t Gesamtgewicht ausgelegt. Abgebildet ist ein Fahrzeug mit Meiller-Kipp-aufbau aus dem Jahr 1968.*

*Auch die Frontlenker wurden in den frühen 1960er-Jahren äußerlich aktualisiert. Die geriffelte, zeitlos-moderne Front der neuen Lastkraftwagen blieb bis zum Ende der Henschel-Lastwagenfertigung bestehen. Aus dem Modell HS 16 entstand 1969 der Typ F 191 – hier als Allradkipper mit Palfinger-Ladekran –, für dessen Fortbewegung ein 240 PS starker Direkteinspritzer verantwortlich war.*

# Hersteller der DDR

Nach Kriegsende wurde auch in der damaligen Sowjetischen Besatzungszone, der späteren DDR, versucht, die Lastwagen-Fertigung wieder aufzunehmen. Der Neubeginn stieß hier auf noch größere Schwierigkeiten als in den drei Westzonen. Viele Produktionsstätten hatten unter den Luftangriffen sehr gelitten. Die von Zerstörungen verschont gebliebenen Anlagen und Güter wurden – noch ungleich stärker als im Westen – von der sowjetischen Besatzungsmacht demontiert und als Reparationsleistungen beschlagnahmt. Dazu wurden die Werke entschädigungslos enteignet und zu Volkseigenen Betrieben (VEB) erklärt. Aufgrund dieser schlechten Rahmenbedingungen verließen viele qualifizierte Konstrukteure ihre Arbeitsplätze und suchten ihre Chance in den Westzonen. Hinzu kam, dass die meisten Nutzfahrzeughersteller ihre Standorte ohnehin schon in den westlichen Landesteilen hatten, dieser Bereich also in der späteren DDR stark unterrepräsentiert war.

Trotz allem gelang es den Mitarbeitern der ehemaligen Horch-Werke in Zwickau bereits 1946

*Der seit 1957 unter dem Namen VEB Barkas-Werke Hainichen firmierende Hersteller bot im gleichen Jahr das Lieferwagen-Modell V 901/2 an. Es war die letzte Ausführung dieser seit 1950 auf dem Markt befindlichen Typenreihe. Dabei war die Motorleistung des 900-ccm-Zweizylinder-Zweitakters auf 28 PS gesteigert worden, was dem Fahrzeug eine Höchstgeschwindigkeit von 80 km/h verlieh. Hier die Ausführung als Pritschenwagen für 900 kg Zuladung.*

*Zwischen 1949 und 1953 wurde der Zweitonner IFA-Phänomen Granit 27 von den Zittauer Phänomen-Werken hergestellt. Der kleine Lkw hatte einen luftgekühlten Vierzylinder-50-PS-Vergasermotor mit 2678 ccm Hubraum und erreichte eine Spitzengeschwindigkeit von 80 km/h. Hier ein restaurierter Pritschenwagen.*

*Im Jahr 1956 trat der Robur Garant 30 K in der 2-t-Nutzlastklasse an. Dieser Lkw war sowohl mit einem 60-PS-Vergaser als auch mit einem Dieselmotor erhältlich, der 52 PS leistete. Den bis 1960 produzierten Garant gab es in zahlreichen Aufbauvarianten, wobei die Pritschenausführung zweifelsohne die häufigste war. Das abgebildete Fahrzeug entstand 1956.*

einen in Halbfrontlenkerbauweise ausgeführten Dreitonnen-Lkw unter der Typenbezeichnung H 3 herauszubringen. Er wurde von einem eigentlich für einen Halbketten-Zugkraftwagen bestimmten Maybach-Vergasermotor fortbewegt. Von diesem noch reichlich improvisiert wirkenden Lastkraftwagen wurden bis 1949 immerhin rund 850 Stück gefertigt.

Das ab 1950 lieferbare Nachfolgemodell H 3 A war ein solider Haubenlastwagen konventioneller Bauart, der nun von dem in IFA-Kraftfahrzeugwerk Horch VEB Zwickau umbenannten Hersteller gefertigt wurde. Das Fahrzeug besaß bereits einen Vierzylinder-80-PS-Dieselmotor und anfangs 3 t, später 3,5 t Nutzlast. Ab Mitte 1957 wurden die Typenbezeichnungen gemäß der erneuten Umbenennung des Herstellerwerkes in Sachsenring geändert. Nach der Vereinigung der Horch- und Audi-Werke zum VEB Sachsenring Automobilwerke Zwickau wurde im Februar 1958 der Typ S 4000 als Übergangsmodell vorgestellt, der die gleiche Motorleistung wie der Vorgänger, aber eine auf 4 t gesteigerte Nutzlast aufwies. Ab Herbst 1958 folgte dann die verbesserte Ausführung IFA S 4000-1 mit z. B. einer auf 90 PS erhöhten Motorleistung und synchronisiertem Getriebe. Ab 1960 wurde die Montage des S 4000-1 in das IFA-Kraftfahrzeugwerk Ernst Grube in Werdau verlegt. Bis zur Produktionseinstellung dieses Haubentyps wurden ab 1950 schätzungsweise an die 80.000 Fahrzeuge gebaut. H 3 A, S 4000 bzw. S 4000-1 waren in den 1950er- und 1960er-Jahren die einzigen mittelschweren Lkw-Modelle, die in der DDR angeboten wurden.

Ab Juli 1965 wurde dieser Haubenlastwagen schrittweise durch das IFA-W 50-Frontlenkermodell mit 4 t, später 5 t Nutzlast abgelöst. Dieser zunächst 110 PS starke Lkw war 1962 beim IFA-Werk in Ludwigsfelde in Serie gegangen. Das weiterentwickelte Aggregat des S 4000-1 wurde 1967 durch einen auf 125 PS leistungsgesteigerten Motor ersetzt, der nach dem in Lizenz gefertigten MAN-Direkteinspritzverfahren mit Mittenkugelverbrennung arbeitete. Die W 50-Familie umfasste eine Vielzahl von verschiedenen Aufbauvarianten und Modellausführungen, wahlweise mit Hinterrad- oder Allradantrieb. Im Export, vor allem in sozialistisch regierte Länder auf dem afrikanischen Kontinent, bewährte sich der einfache und robuste Fünftonner auch unter extremen klimatischen Verhältnissen. In der DDR blieb er bis zur durch die Wiedervereinigung ausgelösten Fertigungseinstel-

*Eine sehr große Verbreitung erfuhr diese Art von mittelschweren Lastkraftwagen, die von verschiedenen VEB-Herstellern über knapp 20 Jahre in rund 30.000 Einheiten auf Basis des Horch H 3 A bzw. des späteren IFA S 4000-1 gefertigt wurde. Der Serienbau lief 1950 an. Ab 1960 erschien eine motorisch auf 90 PS aufgewertete Ausführung, die eine Nutzlast von 4 t mit 75 km/h Höchstgeschwindigkeit befördern konnte. Die Abbildung zeigt einen 1980 in der DDR fotografierter Pritschenwagen.*

*Dieses Bild zeigt einen IFA S 4000-1 mit Zweiachsanhänger aus dem Jahr 1959, der als Fäkalientransportfahrzeug genutzt und von den Rottelsdorfer Schlepperfreunden vorbildlich wieder instand gesetzt wurde. Der Antrieb erfolgt über einen wassergekühlten Vierzylinder-Wirbelkammer-Diesel mit 6024 ccm Hubraum und 90 PS Leistung.*

*Hier ein toprestaurierter Benzintankwagen der staatlichen Gesellschaft Minol mit 3400 l Fassungsvermögen auf einem IFA S 4000-1 aus dem Jahr 1964. Dieses Fahrgestell – zu dieser Zeit in der DDR praktisch das einzig lieferbare in dieser Nutzlastklasse – wurde mit zahllosen Aufbauvarianten und Spezialaufbauten versehen. So gab es den S 4000-1 auch für Feuerwehraufbauten, als Sattelzugmaschine und als Niederrahmenfahrgestell für Möbeltransporte.*

lung in der Produktion und galt weit über 20 Jahre als die Hauptstütze in der Güterbeförderung in der DDR.

Zur Leipziger Herbstmesse 1986 wurde der neue Sechstonner L 60 vorgestellt. Aus Kostengründen musste die zwar leicht überarbeitete, aber in die Jahre gekommene Kabine des W 50 weiter verwendet werden. Zur Wartungsvereinfachung war sie jedoch kippbar. Aber zumindest innen war nun fast alles neu: der Sechszylinder-Diesel, das Achtganggetriebe und das Fahrwerk mit Außenplanetenachsen. Auch Rahmen, Lenkung und Bremsen waren stark überarbeitet worden. Aber auch für diesen Lastwagen gab es nach 1989 unter der Regie von Daimler-Benz auf Dauer keine Zukunft.

Ein bemerkenswerter und vielversprechender Lastkraftwagen war der 1951 auf der Leipziger Frühjahrsmesse präsentierte Schwerlast-Lkw des Typs IFA H 6, der für 6,5 t Nutzlast ausgelegt war. Dieses Fahrzeug war parallel zum leichteren H 3 A im Baukastensystem entwickelt worden. Der sehr robuste und widerstandsfähige Lastwagen besaß eine längere Haube, um den 120 PS starken Sechszylinder-Reihen-Diesel unterbringen zu können. Er wurde im Werk Werdau gefertigt, wo auch der auf gleicher Basis gebaute dreiachsige Fünftonner G 5 mit zuschaltbarem Allradantrieb entstand. Dieses Fahrzeug wurde vor allem bei der Nationalen Volksarmee (NVA) verwendet. 1956 wurde zum entscheidenden Jahr für die Typen H 6 und G 5.

*Zwischen 1952 und 1959 stellte das VEB IFA-Kraftfahrzeugwerk Ernst Grube in Werdau den Schwerlastwagen IFA H 6 her. Bei diesem sehr konventionell gestalteten, sehr robusten 6,5-t-Lkw handelte es sich um eine Parallelentwicklung zum IFA H 3 A, wobei der Motor in Baukastenkonstruktion sechs statt vier Zylinder aufwies. Die Motorleistung betrug 120 PS bei verträglichen 2000 U/min, die aus 9036 ccm Hubraum herausgeholt werden konnten.*

Aufgrund einer Entscheidung des RGW (Rat für gegenseitige Wirtschaftshilfe der Ostblockstaaten) wurden der DDR nur noch der Bau von Lastwagen bis 5 t Nutzlast erlaubt. Daher musste der Bau der beiden verheißungsvollen Fahrzeuge im Jahr 1958 eingestellt werden.

Von 1949 bis 1957 wurde im ehemaligen Framo-Werk in Hainichen/Sachsen (später unter IFA-Kraftfahrzeugwerk Framo VEB firmierend) ein 0,75-t-Kleintransporter mit Zweitaktmotor unter der Typenbezeichnung Framo V 501 bzw. V 901 produziert. Dieser Transporter wurde unter der neuen Bezeichnung Barkas V 901 bis 1961 im VEB-Barkas-Werk in Karl-Marx-Stadt, dem heutigen Chemnitz, hergestellt. Dieser wurde im gleichen Jahr durch den neukonstruierten 1-t-Transporter Barkas B 1000 ersetzt, der aber weiterhin den Dreizylinder-Zweitaktmotor des Pkw Wartburg besaß. Der B 1000 wurde über drei Jahrzehnte produziert und in unzähligen Aufbauvarianten (bei Behörden, NVA und Feuerwehr) und auch im Export eingesetzt.

Ein weiterer DDR-Hersteller war ein im Jahr 1888 von Gustav Hiller im sächsischen Zittau gegründetes Werk, das zunächst mit dem Bau von Textilmaschinen befasst war. Die erste Zweiradproduktion fand 1894 statt, die Herstellung eines Dreiradfahrzeugs, des Phänomobils, im Jahr 1907. 1916 wurde das jetzt unter Phänomen-Werke Gustav Hiller firmierende Unternehmen in eine AG umgewandelt. Auf Anregung der Reichspost gelangte 1927 ein kleiner Lkw mit 0,75 t Tragfähigkeit und luftgekühltem Motor in das Fertigungsprogramm. Dieses

Fahrzeug bewährte sich ausgezeichnet. In den 1930er-Jahren folgten weiterentwickelte, unter dem Namen Granit bekannt gewordene Nutzfahrzeuge mit einer Zuladungsmöglichkeit von bis zu 2,5 t. Gemäß des Schell-Vereinheitlichungsprogramms musste sich das Unternehmen während des Krieges hauptsächlich auf den Bau des 1,5-Tonners Granit 1500 beschränken. Dieses robuste Fahrzeug fand bei

*Dieses Foto zeigt einen gut wieder hergerichteten IFA H 6 mit Kipppritsche unbekannten Baujahrs. Der Lkw hatte ein Gesamtgewicht von 13150 kg und gehörte mit 54 km/h Höchstgeschwindigkeit nicht unbedingt zu den Schnellsten der Straße. Die Fertigung dieses entwicklungsfähigen Lkw, von dem etwa 7500 gebaut wurden, musste nach einer grundsätzlichen Vereinbarung der Ostblock-Staaten, nach denen die Zuständigkeiten im Lkw-Bau neu geregelt wurden, leider beendet werden.*

der Wehrmacht als Sanitätskraftwagen (Sankra) in beachtlichen Stückzahlen Verwendung.

*Aufgrund ihrer starken Zugleistung war der IFA H 6 auch als Zugmaschine mit kurzem Radstand sehr begehrt. Das abgebildete Modell steht im Dienst eines Schaustellers.*

Nach totaler Demontage und Enteignung standen zunächst Kfz-Reparaturen für die Rote Armee auf dem Programm. Auf der Leipziger Frühjahrsmesse des Jahres 1948 wurde der nur wenig veränderte 1,5-Tonner als Phänomen 1500 S neu vorgestellt. Dieses von einem 50 PS starken Vierzylinder-Vergasermotor angetriebene Fahrzeug wurde 1949 zu einem Zweitonner aufgelastet und ging als Granit 27 in Serie. Ab 1951 stand auch ein neu entwickelter, luftgekühlter Dieselmotor wahlweise zur Verfügung. 1953 wurde das nun als Granit 30 K bezeichnete Modell mit aktualisiertem Fahrerhaus, einem Vergasermotor mit größerem Hubraum und auf 55 PS gesteigerter Leistung erstmals vorgestellt. Dieser Zweitonner ging 1955 in Serie. Aufgrund juristischer Einsprüche musste die Typenbezeichnung ab Juli 1956 in Garant und der Name des Werkes in VEB Robur-Werke Zittau geändert werden. Neben dem als Garant 30 K bezeichneten, nunmehr 60 PS starken Benziner gab es den Garant 32, der mit einem luftgekühlten 52-PS-Dieselmotor ausgerüstet war. Diese Fahrzeuge entstanden neben dem üblichen Pritschenwagen in zahlreichen Varianten wie Kasten- und Kofferwagen, Krankenwagen, Reisebus, als Chassis für Sonderaufbauten und in einer Allradausführung

*Bereits Ende 1958 begann in Werdau die Weiterentwicklung des Lkw S 4000-1. Schließlich dauert es aber bis Mitte 1965, bevor die Serienproduktion des neuen Frontlenkers IFA W 50 in einem neuen Fertigungswerk in Ludwigsfelde anlaufen konnte. Der 5-t-Lkw W 50 L wurde seitdem zum Standard-Lastwagen in der DDR und blieb mit nur unwesentlichen Detailverbesserungen bis 1990 im Programm. Hier ist ein Pritschen-Lkw mit Plane und Spriegeln zu sehen.*

*Auch vom IFA W 50 L gab es zahllose Aufbauvarianten sowie eine Allradausführung für die Nationale Volksarmee, die Volkspolizei und andere militärähnliche Verbände. Der einfache, robuste Frontlenker verfügte über einen nach dem M-Verbrennungsverfahren arbeitenden Vierzylinder-Direkteinspritz-Diesel mit 125 PS. Abgebildet ist eine Sattelzugmaschine mit einachsigem Pritschenauflieger von 1985.*

für militärische Verwendung. Insgesamt wurden bis 1961 weit über 50.000 Einheiten gebaut.

Im gleichen Jahr löste das Frontlenkermodell LO 2500, ausgestattet mit seiner typischen fischmaulförmigen Front, den Garant-Haubenwagen ab. Mit einem 70-PS-Vergasermotor versehen, war es ein durchaus moderner, allerdings recht einfach konstruierter Frontlenker. Ab 1963 kam mit der Ausführung LD 2500 eine gleich starke Dieselausführung hinzu. In den nächsten Jahren erfolgten zahlreiche gebrauchswertsteigernde Modifikationen, die vor allem Nutzlast und Motorleistung betrafen. Eine Allradversion (LO 1800 A) wurde vor allem von der Nationalen Volksarmee (NVA) und der Volkspolizei (VP), aber auch von der Feuerwehr und für andere Spezialaufgaben genutzt.

Mit verschiedenen Verbesserungen und der ab 1968 geglätteten Fischmaulfront kam 1973 der Dreitonner LO 3000 hinzu. Seitdem wurde an dieser Baureihe kaum noch etwas geändert. Im Laufe der Jahre gerieten diese zwar sehr robusten, technisch aber immer weniger auf dem neuesten Stand befindlichen Fahrzeuge zunehmend ins Hintertreffen. Nach und nach setzten sich zwar die luftgekühlten Dieselantriebsaggregate durch und 1989 wurde sogar ein Direkteinspritzer entwickelt, dieser kam aber infolge der im Zuge der Wiedervereinigung zusammengebrochenen Absatzmärkte nicht mehr zum Tragen. 1991 wurde die gesamte Fabrikation eingestellt. Heute erinnern nur noch verlassene, abbruchreife Gebäude an die ehemaligen Robur-Fahrzeugwerke, in denen nach Kriegsende rund 250.000 Lastwagen entstanden.

*Die Abbildung zeigt einen Robur LO 3001 aus der zwischen 1973 und 1990 gefertigten Produktionsserie. Der kleine Omnibus kann 18 Fahrgäste befördern und besitzt einen Vierzylinder-Vergasermotor mit 3345 ccm Hubraum und 75 PS Leistung, mit dem sich das Fahrzeug auf rund 85 km/h beschleunigen lässt.*

Omnibusverkehr
Saale-Orla Rudolstadt GmbH

Carl Schäffer
MÖBELFABRIK
GEGR. 1869
Rehme a.d. Weser

# Kaelble

Die im württembergischen Backnang ansässige Carl Kaelble GmbH baute bereits 1903 ihren ersten Motor. 1907 setzte man ihn zu Versuchszwecken auf ein eigens dafür entworfenes Lastwagenfahrgestell. Eine Serienproduktion wurde allerdings nicht aufgenommen. Im folgenden Jahr kam es zum Bau eines kompressorlosen Dieselmotors. Nachdem man bereits während des Ersten Weltkriegs Zugmaschinen für das Heer gebaut hatte, präsentierte Kaelble im Jahr 1925 die erste unter dem Namen Suevia angebotene Diesel-Zugmaschine der Welt. Die weitere Spezialisierung im Bereich der Zugmaschinen führte 1937 zu einer allradgetriebenen Dreiachs-Frontlenker-Zugmaschine mit der damals ungewöhnlich hohen Motorleistung von 200 PS. Zusammen mit einem Spezialtieflader wurde dieses Fahrzeug zum Transport von Eisenbahnwaggon verwendet und war gleichzeitig die weltstärkste Dieselzugmaschine, deren Antriebseinheit in der Fahrzeugmitte untergebracht war. 1927 begannen die Werke zwar auch, Lastwagen-Modelle zu produzieren, doch war dieser Fertigungsbereich nie so prominent wie die Zugmaschinen und Baufahrzeuge.

Einen besonderen Namen machte sich Kaelble mit seinen schweren Dreiachs-Zugmaschinen, die ab 1935 von der Reichsbahn bzw. der späteren Bundesbahn zum Transport von Eisenbahnwaggons auf Culemeyer-Spezialanhängern eingesetzt wurden. Dieser sogenannten von-Haus-zu-Haus-Ver-

*Aus dem Jahr 1936 stammt diese schwere Kaelble-Dreiachs-Zugmaschine des Typs Z 6 GN 125, die von einem wassergekühlten Sechszylinder-Vorkammer-Diesel mit 13235 ccm Hubraum und 135 PS Motorleistung fortbewegt wird. Das Fahrzeug wurde seinerzeit von der Deutschen Reichsbahn beschafft und zog mit einem Spezialanhänger Eisenbahnwaggons auf der Straße zu Kunden, die über keinen eigenen Gleisanschluss verfügten.*

Die Deutsche Bundesbahn war schon seit Jahren Abnehmer für die schweren, in Backnang gefertigten Kaelble-Straßenzugmaschinen. Seit 1951 wurde das rund 16 t schwere Modell K 631 Z angeboten, das mit einem 150 PS starken Sechszylinder-Vorkammer-Diesel mit 14330 ccm Hubraum ausgerüstet war. Abgebildet ist ein 1953 gebautes Exemplar, das eine Höchstgeschwindigkeit von 50 km/h erreichen konnte. Etwa 4000 Arbeitsstunden waren notwendig, um das Fahrzeug von Grund auf zu restaurieren.

Die zwischen 1955 und 1961 gebaute Straßenzugmaschine K 415 Z gehörte zu den kleinsten Modellen von Kaelble. Das wendige Fahrzeug verfügte über einen Vierzylinder-Diesel mit 90 PS, später mit 95 PS und 7063 ccm Hubraum. Das abgebildete Fahrzeug wurde Mitte der 1990er-Jahre von einem engagierten Sammler vorbildgerecht restauriert.

Unter der Haube dieser Kaelble K 650 Z-Straßenzugmaschine arbeitete ein Sechszylinder-Vorkammer-Diesel mit 8104 ccm Hubraum und 150 PS Motorleistung. Dem Fahrzeug konnte eine Anhängelast von 30 t unbedenklich zugemutet werden. Dieses Ende der 1990er-Jahre restaurierte Exemplar, das mit einer mit Beton belasteten Ballastpritsche ausgeführt ist, wurde von einem Speditionsbetrieb in Kleve zu Werbezwecken eingesetzt.

Die Abbildung zeigt eine schwere Kaelble-Dreiachszugmaschine des Typs KDV 680 von 1955, die als Abschlepp-Kranwagen diente. Ein mit 14236 ccm hubraumstarker, wassergekühlter Sechszylinder-Vorkammer-Diesel mit 180 PS sorgte für die Fortbewegung dieses 22 t schweren Fahrzeugs. Auf die Kräfte des mit einer Vorbauseilwinde ausgerüsteten Schwergewichts wollte ein Kran- und Abschleppunternehmen in Wetzlar Ende der 1980er-Jahre noch nicht verzichten.

kehr war für Kunden ohne eigenen Gleisanschluss gedacht und sparte das zeitraubende Umladen der Güter auf Straßenfahrzeuge. Über eine am Heck der Zugmaschine befindliche Seilwinde mit bis zu 24 t Zugkraft konnte sich das Fahrzeug seine Lasten notfalls auch selbst auf den Anhänger ziehen. Unter der langen Motorhauben des gewaltigen Fahrzeugs arbeitete ein Sechszylinder-Diesel mit meist 135 PS Leistung. Nach Kriegsende führte Kaelble die Tradition fort und begann ab 1948 erneut mit dem Bau von zwei- und dreiachsigen Zugmaschinen. Hauptkunde blieb die Deutsche Bundesbahn, die solche Zugmaschinen – zuletzt ausgerüstet mit 320 PS starken Zehnzylinder-

*Diese überschwere Dreiachs-Straßenzugmaschine des Typs KDV 22 Z 8 T von Kaelble wurde 1963 gebaut und von einem gewaltigen Achtzylinder-V-Motor mit 19104 ccm Hubraum fortbewegt, der 300 PS bei 1600 U/min leistete. Da die Zugleistung dieses Giganten 100 t betrug, konnten ihm unbedenklich selbst schwerste Lasten anvertraut werden.*

Daimler-Benz-Dieseln – bis in die 1970er-Jahre geliefert bekam.

Kaelble ließ auch andere Sparten nicht außer Acht: 1947 baute das Unternehmen das erste Fahrgestell für Kranaufbauten und 1952 wurde ein dreiachsiger Muldenkipper für 18 t Nutzlast für Einsatzbereiche abseits öffentlicher Straßen produziert. Im Jahr 1949 kehrte Kaelble aber wieder in den Kreis der Lkw-Hersteller zurück. Der erste 6.5-t-Schwerlastwagen K 625 L basierte motorisch und fahrwerksmäßig auf der ab 1948 gebauten Zugmaschine 625 Z, deren großvolumiger Sechszylinder-Diesel 130 PS leistete. Aufgrund der zu schwachen Leistung erhielt das Nachfolgemodell K 630 L eine 150 PS starke Maschine. Die Zugmaschinenpalette (die Modelle waren überwiegend auch als Lastwagenausführung mit verlängerten Radständen erhältlich) wurde mit der kleinen Straßenzugmaschine K 410 mit 70 PS gestartet. Ab 1955 wurde der 95 PS starke Nachfolger K 415 auf den Markt gebracht. Es folgten die Typen K [illegible]10 und 612 mit 120 PS, K 631 Z mit 150 PS und die K 680 mit 180 PS Motorleistung.

Eine kleine Sensation im Schwerlastwagenbau der ersten Nachkriegsjahre bildete der ab 1951 lieferbare Neuntonner Kaelble K 832 mit 200 PS, der nach dem Krupp Titan der stärkste deutsche Fernverkehrslastwagen war. Sein wahrlich gewaltiges V-8-Vorkammer-Diesel-Antriebsaggregat besaß einen Rauminhalt von 13.1[illegible]4 ccm und entwickelte seine Kraft bei nur 1400 Touren. Neben der Lkw-Ausführung wurde der Typ 832 auch als Kipper und Sattelzugmaschine ausgeliefert und vereinzelt auch zu Frontlenkern umgebaut. Die Seebohmschen Gewichts- und Längenbeschränkungen für Lastkraftwagen bedeuteten aber das Ende dieser grundsoliden, aber auch sehr schweren Boliden. Um einen LKW anbieten zu können, der

*Diese 22 t schwere KDV 22 Z 8 T-Straßenzugmaschine eines Dortmunder Abschlepp- und Kranunternehmens wurde Ende der 1980er-Jahre restauriert, nachdem sie bis zu Beginn der 1980er-Jahre noch im Einsatz war. An der rechten Motorseite befindet sich der riesige Luftfilter.*

den Seebohmschen Bestimmungen entsprach, entwickelte Kaelble das 6,4-t-Frontlenkermodell K 650 LF, das 1957 vorgestellt wurde. Der Haubenwagen wurde auch als Allradkippervariante K 650 K angeboten. Die K 650-Modellreihe wurde von 150 PS starken Sechszylindermotoren mit 8102 ccm Hubraum fortbewegt. Sie befand sich über Jahre hinweg in der Produktion, wenngleich die gefertigten Stückzahlen (wie bei anderen Kaelble-Modellen auch) im Vergleich zu den großen Anbietern gering blieben. Nachdem die Bestimmungen im Jahr 1960 entschärft wurden, brachte Kaelble Ende 1961 den Neuntonnen-Frontlenkerlastwagen K 652 LF auf den Markt, der von einem Sechszylinder-Vorkammer-Dieselmotor mit 192 PS angetrieben wurde. Leider erreichte dieses Modell keinen durchschlagenden Erfolg, denn die Mehrheit des sowie nicht allzu zahlreichen Kundenstamms war mittlerweile zur Konkurrenz abgewandert. So sah sich Kaelble bereits 1964 genötigt, den vollständigen Rückzug aus dem Lastwagengeschäft einzuleiten.

Bei den schweren Zugmaschinen hingegen füllte Kaelble weiterhin eine Marktlücke. Neben der Zugmaschine K 650 wurde bereits in den 1950er-Jahren die überschwere, 300 PS starke Dieselzugmaschine KDV 836 Z vorgestellt, die man parallel zu der gigantischen Dreiachs-Sattelzugmaschine KDV 32 Z und der etwas leichteren Bauvariante 22 Z 8 T entwickelt hatte. Viele Kaelble-Modelle konnten auch mit einem Muldenkipper-Aufbau geliefert werden. Die 1965 erstmals am Markt eingeführten Zugmaschinen des Typs KDV 24 hatten zwar die gleichen motorischen Daten wie seine Vorgänger, aber ein neues, kantiges Fahrerhaus. 1967 wurde das Programm um den bis zu 425 PS starken Kraftprotz KDV 400 erweitert. In den Folgejahren bis zur Gegenwart konzentrierten sich die Aktivitäten des Unternehmens immer mehr auf den Sektor der Spezialfahrzeuge und Baumaschinen. So enthält das Kaelble-Programm neben dem Kernbereich der Zugmaschinen heute auch Flugplatzlöschfahrzeuge, Planierraupen, Radlader und Amphibienfahrzeuge.

*Hier eine schwere, allradgetriebene Dreiachs-Sattelzugmaschine des Modells Kaelble KDV 631 SF in Frontlenkerausführung. Dieses Fahrzeug gehörte ursprünglich zu einer Serie von 191 Fahrzeugen, die bis 1955 für den Panzertransport an die französische Armee geliefert wurde. Das Fahrzeug verfügte über einen wassergekühlten Sechszylinder-Reihen-Diesel mit 14330 ccm Rauminhalt und 180 PS sowie über eine 10-t-Vorbauseilwinde. Auf dem Tieflader befindet sich eine kleine Hanomag SS 55-Zugmaschine aus den 1930er-Jahren.*

*Zur letzten Generation der Fernverkehrsfahrzeuge aus dem Hause Kaelble zählte das Schwerlastwagenmodell K 652 LF, das erst 1962 auf den Markt gebracht werden konnte. Die Konkurrenz hatte wesentlich schneller auf die Lockerung der Seebohmschen Bestimmungen reagiert, sodass gerade mal 50 Stück dieses 192 PS starken Modells verkauft wurden. Das abgebildete Exemplar ist von 1963.*

# Krupp

Die 1811 gegründete Firma Krupp in Essen war schon seit Beginn eng mit der Erzeugung von Stahl und verwandten Produkten verbunden. Die schiere Größe der Kruppschen Werksanlagen prägte über viele Jahrzehnte – von der Hochindustrialisierung bis weit nach dem Zweiten Weltkrieg – das Essener Stadtbild. Seit der 1999 erfolgten Fusion mit dem Thyssen-Konzern heißt das Unternehmen Thyssen-Krupp AG.

Im Jahr 1816 war es erstmals gelungen, hochwertigen Gussstahl serienmäßig herzustellen. 1852 meldete Alfred Krupp einen nahtlosen Radreifen, der keine den Rundlauf störende Schweißstelle aufwies, als sicheres, bruchgeschütztes Eisenbahnrad zum Patent an. Diese Erfindung war für Krupp von so entscheidender Bedeutung, dass er drei sich überschneidende Ringe als bis heute bestehendes Markenzeichen des Konzerns wählte. Im Ersten Weltkrieg fungierte Krupp als wichtiger Rüstungsbetrieb. Da der Versailler Diktatfrieden von 1919 dem Unternehmen diese Tätigkeit aber versagte, versuchte Krupp sich in neuen Bereichen, wozu auch die Produktion von Lastkraftwagen gehörte. Der Bau von Nutzfahrzeugen begann 1920 mit einem 75 PS starken Fünftonner. 1925 ging man zum Kardanantrieb über und 1932, erst relativ spät, wurde der Dieselantrieb eingeführt. In Ermangelung eines eigenen Aggregats entschied man sich zur Übernahme einer Lizenz der Junkers Motoren-

*Die Abbildung zeigt einen 1933 gebauten Krupp-Lastwagen des Typs L 4 M 262, ausgerüstet mit einem in Lizenz gefertigten Dreizylinder-Zweitakt-Doppelkolben-Diesel der Junkers-Werke mit 90 PS Motorleistung. Äußerlich waren diese motorisch eher ungewöhnlichen und bei den Fuhrleuten nicht sonderlich beliebten Lastwagen an dem oberhalb der Krupp-Ringe stilisierten Emblem des fliegenden Menschen zu erkennen. Das abgebildete Fahrzeug dürfte das einzige seiner Art sein, dass bis heute überlebt hat.*

KRUPP
OS- 06078

*Unmittelbar nach Kriegsende brachten die mittlerweile als Südwerke GmbH in Kulmbach firmierenden Krupp-Werke den Lastwagen L 45 heraus, der vom Erscheinungsbild her an die Vorkriegskonstruktionen anknüpfte. Der Haubenwagen war mit einem 110 PS starken Sechszylinder-Vergasermotor ausgerüstet und für 4,5 t Nutzlast eingerichtet.*

*Im August 1950 präsentierte Krupp einen völlig neuen, noch unter dem Namen Südwerke angebotenen Schwerlastwagen. Es handelte sich um das Modell Titan – dem wohl berühmtesten Fernverkehrslastwagen der 1950er-Jahre, der wie auch der Büssing 8000 schon zu Bauzeiten zur Legende gewordenen war. Hier das mächtige Fahrerhaus mit der offenbar vom Opel-Kapitän inspirierten langen Haube.*

*Von den insgesamt knapp 1000 gefertigten Fahrzeugen vom Typ Titan sind kaum eine Handvoll erhalten geblieben. Das Besondere am Titan sind seine beiden im Zweitaktverfahren arbeitenden, zusammengekoppelten dreizylindrigen Motoreinheiten, die auch zwei Roots-Lader, zwei Einspritzpumpen und zwei durch eine Kupplung verbundene Kurbelwellen haben. Zusammen mobilisieren sie 210 PS. Damit war der Titan zur damaligen Zeit das Superlativ schlechthin und der mit Abstand stärkste Lastwagen auf bundesdeutschen Straßen. Das abgebildete Modell wurde in [illegible]5-jähriger Arbeit restauriert und dürfte wohl der Schönste seiner Art sein.*

bau GmbH Dessau, die einen Zweitakt-Doppelkolben-Motor beinhaltete, der mit zwei oder drei Zylindern und einer Leistung von 45–90 PS ausgeführt war. Die mit diesen Motoren ausgerüsteten Lastwagen waren an dem geflügelten Junkers-Emblem unter den Krupp-Ringen auf dem Kühlerschutzgitter zu erkennen.

Nach 1933 wurde die Rüstungsproduktion wieder aufgenommen, aber auch das Lkw-Programm stetig ausgebaut. Es umfasste Mitte der 1930er-Jahre Modelle mit Nutzlasten von 2–6,5 t und Motorleistungen von 60–165 PS. 1940 stellte die Motorenabteilung einen V 8-Dieselmotor vor, der im Gleichstrom-Zweitaktverfahren arbeitete. Durch ein Rootsgebläse konnte die Leistung von 150 PS auf 200 PS gesteigert werden. Dieser Motor gilt als der erste deutsche Achtzylinder-Dieselmotor mit Aufladung im Nutzfahrzeugbereich. Während des Krieges wurden die Essener Werksanlagen häufig von alliierten Bombern heimgesucht, sodass sie bei Kriegsende nahezu vollständig zerstört waren. Zuvor war die Lastwagenproduktion, die in beschränktem Rahmen nur noch Ersatzteile produzieren durfte, zunächst nach Mülhausen im Elsass und dann nach Unterfranken mit Fertigungsbetrieb in Kulmbach ausgelagert worden. Der verlagerte Betriebszweig führte dort den Namen Südwerke.

Auch nach dem Krieg war eine Rückkehr nach Essen zunächst nicht möglich. Während Alfried Krupp als Kriegsverbrecher verurteilt wurde, begann unter der wenig belastenden Firmenbezeichnung Südwerke Motoren- und Lastwagenbau GmbH bereits 1946 die Produktion des 4,5-t-Lastwagens L 45. Dieser in zunächst bescheidenen Stückzahlen gebaute Lkw war mit einem 110 PS starken Vergasermotor ausgerüstet. Die in Kulmbach gefertigten Fahrzeuge trugen die in einem Dreieck eingefassten Buchstaben SW auf dem Kühlerschutzgitter, da der Name Krupp und auch das Markenzeichen der drei Ringe zunächst nicht verwendet werden durften. Ab 1949 wurden auch wieder Diesellastwagen angeboten. Dabei griffen die Kulmbacher Techniker auf das Doppelkolben-Zweitaktprinzip zurück, das die vor dem Krieg in Lizenz gebauten Junkers-Motoren aufwiesen, und statteten den Typ L 50 mit einem solchen Dreizylinder-Aggregat aus. Diese Fahrgestelle wurden mit zahlreichen Kommunalaufbauten angeboten. Sogar eine vorzugsweise für Feuerwehraufbauten verwendete Frontlenkerausführung war seinerzeit schon erhältlich. Erst Mitte 1951 verlegte man den Sitz der Südwerke wieder nach Essen. Der ursprüngliche Firmenname durfte aber erst ab 1954 wieder verwendet werden und fand in dem neuen Namen Friedrich Krupp Motoren- und Kraftwagenfabrik GmbH Essen (Krawa) Verwendung.

Im Jahr 1950 wurde der Südwerke L 80 Titan vorgestellt, der neben dem Büssing 8000 der wohl markanteste Schwerlastwagen der 1950er-Jahre war. Der mächtige Lkw mit der langen, stilistisch wohlgeformten Motorhaube hatte ein Gesamtgewicht von 16–18 t, konnte 8–11 t Nutzlast befördern und besaß ein aus zwei einzelnen Antriebseinheiten verbundenes Aggregat mit zunächst 190 PS, ab 1951 mit 210 PS. Damit war der Titan

*Hier die gewaltige Haube des Typs Krupp-Südwerke Titan, der eine Rarität ist.*

Spedition Hoffmann Oberhausen/Rhld.
Südwecke

*In den 1980er-Jahren war dieser 1952 gebaute und damals einzig fahrbereite Titan der Star eines jeden Nutzfahrzeug-Veteranentreffens. Wo der zehn Meter lange und drei Meter hohe Titan auftrat, „versanken nicht nur seine zahlreichen Fans in Ehrfurcht, wackelten Telefonzellen unter der Auspuff-Druckwelle, zitterten Einfamilienhäuser und fielen Ziegel vom Dach“. Aber Spaß beiseite: Das typische aggressiv-kernige Motorengeräusch des Titan ist unübertroffen!*

der stärkste deutsche Lastwagen der damaligen Zeit und mit Dreiachs-Anhänger für den Fernverkehr leistungsmäßig prädestiniert. Der Motor arbeitete nach dem Zweitaktprinzip und war dreizylindrig (in diesem Fall als Doppelmotor also mit sechs Zylindern) und mit zwei separaten Nockenwellen und getrennten Schmierölkreisläufen ausgeführt. Dieser Motor war ein typisches Ergebnis der damaligen Zeit, in der Vermutungen über die zukünftige Straßenverkehrsgesetzgebung durch die Besatzungsmächte im Raume standen, die eventuell eine Beschränkung auf 150 PS oder sogar nur 100 PS beinhalten sollten. Als dieses Vorhaben aber nicht zum Tragen kam, fügten die Konstrukteure zwei der fertig entwickelten Dreizylinder zusammen, um die erforderliche Leistung zu erhalten. Der Motor war das erste Modell einer neuentwickelten Zweitakt-Diesel-Baureihe, die im Baukastensystem mit gleichen Einzelzylindermaßen zu Lkw-Motoren mit drei, vier und sechs Zylindern zusammengefügt werden konnte. Wohl jedem, der ein Exemplar der wenigen erhaltenen Titanen im Betrieb erlebt hat, wird das kernige Kropp-kropp-kropp der Zweitaktmaschine im Ohr nachklingen. Überhaupt waren diese Motoren recht raue Burschen und bedeutend lauter als ihre viertaktenden Kollegen. Die Fahrer mussten daher eine starke und recht aggressive Lärmbelästigung

Ein belgischer Sammler besitzt gleich zwei dieser seltenen Fahrzeuge des Typs Titan. Die Abbildung zeigt einen von ihnen.

Die Abbildung präsentiert einen 1952 gebauten Krupp-Südwerke SW L 80 nach erfolgreicher Restauration.

Zwischen 1951 und 1954 wurde der etwas kleinere Krupp Mustang gebaut. Im Gegensatz zum Titan verfügte er über eine einteilige Motoreinheit mit 145 PS, die aber nach dem gleichen Verbrennungssystem arbeitete. Mit knapp 3000 Einheiten wurde der 6,5-Tonner Mustang zum erfolgreichsten Krupp-Lkw der frühen 1950er-Jahre.

*Die Abbildung zeigt einen Anhängerzug Krupp Mustang SW L 60 aus dem Jahr 1955. So sah ein typischer Fernlastzug der 1950er-Jahre aus. Die Fernfahrerkabine mit Schlafmöglichkeit wurde von der Firma Kässbohrer hergestellt.*

*Als Nachfolger des Titan trat ab 1954 das mit 185 PS etwas schwächere und weniger spektakuläre Modell Tiger L 8 Tg 5 an. Der große Achttonner besaß einen Fünfzylinder-Zweitakt-Dieselmotor mit Roots-Gebläse und 7260 ccm Hubraum. Dieser 1956 erstmals zugelassene Anhängerzug wurde von der Karosseriebaufirma Ackermann aufgebaut.*

Dieser unter der betriebsinternen Baubezeichnung L 100 Tg 5 geführte Tiger aus dem Jahr 1960 ist mit dem stärkeren, auf 200 PS leistungsgesteigerten Fünfzylinder-Zweitakt-Diesel ausgerüstet. Das Mehr von 15 PS erzielte man durch eine geringfügige Erhöhung der Drehzahl von 1850 auf 1900 U/min. Dieser herrliche Fernverkehrszug mit seinem schweren Dreiachsanhänger wurde in den Niederlanden karossiert.

Ein weiteres Modell der 1950er-Jahre ist das zwischen 1957 und 1960 gefertigte Modell L 70 E 3. Beim Modell Elch handelte es sich um einen Lkw mit 7,5 t Nutzlast, der von einem Dreizylinder-Zweitakt-Dieselmotor mit Roots-Gebläse und 125 PS Leistung fortbewegt wurde. Das abgebildete Fahrzeug mit Zweiachsanhänger versah seinen aktiven Dienst in den Niederlanden und wurde anschließend restauriert.

in Kauf nehmen, was aber für alle nach diesem Prinzip arbeitenden Motoren galt.

Auf der IAA des Jahres 1951 folgte der 145 PS starke 6,5-Tonner L 60 Mustang, der einen Vierzylindermotor hatte, sowie der Büffel mit drei Zylindern und 110 PS. Der Mustang hatte im Gegensatz zum Titan eine etwas kürzere Motorhaube und wurde in dieser Form bis 1955 gebaut. Weitere, etwas weniger gewichtige Modelle waren die später folgenden Lastwagen Elch und Widder. 1955 wurden die Fahrzeuge äußerlich aktualisiert und erhielten abgeflachte, eckigere Hauben. Einen weiteren, etwas schwächeren Nachfolger erhielt der Titan mit dem 8,5-Tonner Tiger. Der unter der Modellbezeichnung L 8 Tg 5 geführte Fernlastwagen besaß einen Fünfzylinder-Zweitakt-Diesel gleicher Arbeitsweise. Dieser schwere Lastwagen wurde bis 1958 gebaut. Auch den Mustang, seinerzeit der meistverkaufte Lkw des Krupp-Programms, hatte man überarbeitete und mit 150 PS Motorleistung ausgestattet. Das gleiche geschah mit den übrigen Modellen. Unter der Modellbezeichnung Mustang L 8 MF 4 gab es den ersten serienmäßigen Krupp-Frontlenker, der sich aber technisch nicht grundlegend von der Haubenvariante unterschied und einen in das Fahrerhaus zurückverlegten Motor hatte. Bei diesem und auch den folgenden Frontlenkern wurde das laute Motorengeräusch, trotz intensiver Kapselung, als besonders lästig empfunden.

Die Seebohmschen Gesetzesverordnungen erforderten Ersatz für den zu schwer gewordenen Frontlenker-Lastwagen Mustang, der in Gestalt des 160 PS-Typs Büffel, den es auch als Haubenwagen gab, seit 1960 angeboten wurde. Die Typen Mustang und Tiger erhielten 1959 verbesserte Fahrerhäuser, wobei letzteres Modell vorwiegend für den Export gedacht war. Während der Tiger nun mit 200 PS aufwarten konnte, hatte der Mustang-Motor jetzt 168 PS. Wesentliche Neuerungen brachte das Jahr 1959 mit den 4,5–6,5-t-Typen 401, 501 und 601. Es waren die ersten Modelle einer völlig neuen Lastwagenreihe mit neugestalteten, sehr modernen Fahrerhäusern mit durchgehenden Panoramafrontscheiben. Gleichzeitig wurde das Programm durch den Siebentonner 701 abgerundet, den es vorzugsweise als Allradkipper in der alten Haubenausführung noch bis 1964 gab. 1960 kam der Typ 801

hinzu. Von den neuen Modellen gab es ebenfalls Frontlenkerausführungen.

Nach Inkrafttreten der gelockerten Gesetzesbestimmungen im August 1960 trat Krupp mit den neuen Frontlenkern und Haubenwagen der Typenreihe 901 auf den Plan. Diese Modelle wurden anfangs noch mit den Krupp-typischen Zweitakt-Dieselmotoren bestückt. Aufgrund der erwähnten rauen Manieren dieser Aggregate wurde es zunehmend schwerer, die Fahrzeuge an den Mann zu

*1956 wurden die Krupp-Modelle optisch überarbeitet. Die Hauben wurden eckiger, waren aber nicht weniger formschön und attraktiv. So auch beim Krupp L 8 MF 4 Mustang, bei dem technisch – bis auf Detailverbesserungen – alles weitgehend beim Alten blieb.*

bringen. Dies betraf besonders den Fernverkehr. Ersatz musste dringend her. Da weder Geld noch Zeit für eine Eigenentwicklung zur Verfügung stand, griff man auf Motoren des amerikanischen Herstellers Cummins zurück, die platzsparend in V-Form angeordnet waren. Aber auch diese Motoren waren recht rau und zudem bislang noch nicht in Lastkraftwagen gelaufen. Zur IAA 1963 stellte man die ersten Vertreter mit den neuen, in Lizenz gefertigten Viertakt-Cummins-Dieselmotoren in Form der Lastwagen-Baureihe 960 vor. Die Sechszylinder-Antriebseinheiten konnten mit Motorleistungen von 200–230 PS aufwarten. Im darauffolgenden Jahr verschwand auch der letzte klassische Haubenlastwagen im Design der 1950er-Jahre aus dem Programm. Als Ersatz trat der neue Typ 760 mit 186-PS-Cummins-Sechszylinder an, der 8 t transportieren konnte. So war es gelungen, die gesamte Modellpalette innerhalb eines Jahres auf die neuen Motoren umzustellen.

Die Lastwagenkonstruktionen von Krupp waren schon immer sehr fortschrittlich und traten oftmals mit Neuerungen auf, die von den Mitbewerbern erst in der Zukunft realisiert werden konnten. So war im Jahr 1965 Krupp das erste Unternehmen, das seine Lastwagen mit Kippkabinen ausrüstete. Dabei wurde das gesamte Fahrerhaus innerhalb einer halben Minute mithilfe vorgespannter Druckfedern um 40 Grad nach vorn gekippt. Die Kippbarkeit des Fahrerhauses verbesserte die Zugänglichkeit des Motors für Wartungs- und Reparaturarbeiten im Vergleich zur feststehenden Kabine ganz erheblich und ist heute überall in der Welt der übliche Standard.

Bereits 1959 hatte Krupp mit dem 145-PS-Typ 301 ein dreiachsiges Lastwagenfahrgestell vorgestellt, das recht häufig für Fahrzeuge der Bauwirtschaft (Muldenkipper und Betonmischer) verwendet wurde. 1964 entstanden daraus die 186 PS starken Cummins-Modelle 306 und 360, die im folgenden Jahr durch das Kippermodell KF 360 mit 210 PS und ab

*Seit Mitte 1963 wurde in fast alle Krupp-Lkw-Modelle der Cummins-Dieselmotor eingebaut. Dazu gehörte auch der seit 1965 angebotene Krupp AK 360, ein schwerer Hauben-Allradkipper, angetrieben von einem Sechszylinder-Direkteinspritz-V-Motor mit anfangs 210 PS, ab 1967 mit 230 PS. Der abgebildete, bestens restaurierte Dreiachskipper ist von 1967 und trägt mehr als 12 t Zuladung.*

1967 mit 230 PS ausgerüstet wurde. Ab 1965 war auch der Typ SF 361 als Frontlenker-Sattelzugmaschine lieferbar. Im selben Jahr musste man in Essen das Motorenprogramm erweitern, denn eine neue Gesetzesbestimmung sah für Lastwagen eine Mindestmotorleistung von 6 PS pro Tonne vor. Da die Leistungen der Sechszylinder-Cummins-Motoren hierfür nicht ausreichten, fügte man dem V 6-Motor ein weiteres Zylinderpaar hinzu und erhielt einen V 8-Diesel mit 250 PS, ab 1967 sogar mit 265 PS. Diese Motoren wurden zunächst in die Frontlenker-Typen LF 980, 1080 und 381 eingebaut und ab 1967 auch in die Haubenwagen.

Trotz aller Anstrengungen ließ es sich nicht verhindern, dass sich die Lastwagen des Hauses Krupp immer schlechter verkauften. Betriebsinterne Untersuchungen deckten die Unwirtschaftlichkeit des Lkw-Bereichs Krawa auf. Der Marktanteil war am Ende auf nur 2 % gefallen. Bei den leichteren Fahrzeugen war Krupp schon seit Längerem nicht mehr vertreten. Auch der konjunkturelle Rückgang Mitte der 1960er-Jahre trug dazu bei, dass ab dem 1. März 1968 die Lkw-Verkaufsorganisation der Krupp-Werke von der Daimler-Benz AG übernommen und die Lastwagenfertigung in Essen zum 30. Juni 1968 eingestellt wurde. Damit war der deutsche Nutzfahrzeugmarkt um einen interessanten Anbieter ärmer geworden.

*Auch die Krupp-Fernverkehrswagen wurden auf die neuen, in Lizenz gefertigten Cummins-Motoren umgestellt. Dieses Foto zeigt ein bis Mitte der 1980er-Jahre im Dienst gewesenes, im Jahr 1965 gebautes Modell KL 980, für dessen Fortbewegung ein V-Achtzylinder-Direkteinspritz-Diesel mit 12849 ccm Hubraum und 250 PS, ab 1967 mit 265 PS installiert war.*

*Der Krupp KF 380 – ein kräftiger dreiachsiger Frontlenker-Dreiseiten-Kipper – zog seine motorische Kraft aus einem Achtzylinder-V-Diesel mit direkter Kraftstoffeinspritzung und 265 PS. Das mit Trilex-Vorderrädern ausgerüstete Fahrzeug hat ein Gesamtgewicht von 22 t und entstand 1967.*

# Magirus

1864 gründete der damalige Feuerwehrkommandant von Ulm, Conrad Dietrich Magirus, die Feuerlöschgerätefabrik C.D. Magirus, die sich auf die Herstellung von Leitern und Feuerspritzen spezialisierte. Auf diesem Bereich erlangte das junge Unternehmen schon bald Weltgeltung. 1903 stellte Magirus die erste selbstfahrende, dampfgetriebene Feuerspritze vor, und ein Jahr später ging ein kompletter, dampfautomobiler Drei-Fahrzeug-Löschzug an die Berufsfeuerwehr Köln. Die Bewegungen der ebenfalls dampfbetriebenen 24-m-Leiter erfolgten mittels Kohlensäuredruckflaschen. Ebenso wurden Magirus-Feuerwehraufbauten, insbesondere Drehleitern, auf Benzinmotor-Fahrgestellen errichtet.

Im Jahr 1916, während des Ersten Weltkriegs, begann die Magirus AG auf Drängen der deutschen Heeresverwaltung, zusätzlich die Fertigung von Lkw aufzunehmen, indem sie ein Dreitonnen-Modell des Regellastwagens baute. Im gleichen Jahr wurde die erste Automobil-Drehleiter von Magirus – noch auf einem Schweizer Saurer-Fahrgestell montiert – ausgeliefert. Dabei war der Fahrzeugmotor nicht nur für die Fortbewegung der Drehleiter selbst, sondern ebenso für den Antrieb aller Leiterbewegungen zuständig. Im Mai 1918 verließ die erste vollständig im eigenen Werk hergestellte Automobilspritze mit Kardanantrieb die Ulmer Fabrikationshallen. Die Kombination von Chassis und feuerwehrtechnischem Aufbau aus einer Hand wurde zu einer Spezialität der Magirus-Werke.

*Dieser 1941 gebaute Klöckner-Deutz-Lkw des Typs S 330 war ursprünglich ein Schlauchkraftwagen S 3 der Feuerschutzpolizei. Das Fahrzeug besitzt noch den wassergekühlten 80 PS starken Vierzylinder-Diesel. Im Laufe der 1980er-Jahre kam er in Sammlerhand, wo sein Kofferaufbau entfernt und stattdessen eine Pritsche installiert wurde.*

KLÖCKNER
DEUTZ

*Nach Kriegsende setzten fast alle Lastwagenhersteller dort an, wo sie bei Beginn des Krieges aufgehört hatten. Der mittelschwere Magirus-Lkw Typ S 3500 von 1949, der auf 3,5 t Nutzlast aufgelastet wurde, erhielt einen luftgekühlten Vierzylindermotor mit 85 PS – so auch dieses 1951 gebaute Exemplar.*

In den 1920er-Jahren konnte auch Magirus der Zivilkundschaft ein reichhaltiges Angebot an Lastwagenfahrgestellen von 1,5–5 t Nutzlast offerieren. Diese Fahrzeuge waren relativ lange mit Vergasermotoren ausgerüstet, obwohl die Entwicklung zum Ende des Jahrzehnts immer stärker zum Dieselmotor tendierte. Erst als deutlich wurde, dass durch das Festhalten an Benzinmotoren viele Kunden zur Konkurrenz abwanderten, ging man endlich ab 1933/34 ebenfalls zum Dieselantrieb über und stellte in der Folge das gesamte Programm darauf um. Inzwischen aber war das Unternehmen durch diese verfehlte Politik und auch durch die Weltwirtschaftskrise in Schwierigkeiten geraten. 1932 übernahm ein Bankenkonsortium den Betrieb, das sich nach einem geeigneten Partner umsah. Es fand sich die Kölner Motorenfabrik Klöckner-Humboldt-Deutz-Motoren AG (KHD), die am 5. März 1936 die Magirus AG übernahm. Seit 1938 firmierte Magirus unter dem Namen Werk Ulm der Humboldt-Deutz-Motoren AG Köln. Deutz-Dieselmotoren wurden bereits ab 1937 im gesamten Magirus-Lastwagen-Programm verwendet, die damit die gerade erst entwickelten hauseigenen Motoren ersetzten.

1936 stellte Magirus seinen ersten Frontlenker-Lkw vor. Es war ein Prototyp, bei dem ein Zwölfzylinder-Boxer-Diesel eine Maximalleistung von 150 PS erzeugte. Der Motor befand sich unter dem Fahrzeugrahmen, hinter der am Fahrerhaus montierten Anthrazitgas-Generatoranlage. Zwischen 1940 und 1944 war das Ulmer KHD-Werk voll in die Rüstungsproduktion einbezogen. Im Lkw-Bereich war das Werk vor allem für die Fabrikation von zwei nach dem Schell-Plan typisierten Modellen zuständig: dem Dreitonner S 330 bzw. S 3000 (Allradausführung A 330/A 3000) mit 70- und

*Der Magirus-Deutz S 6500 wurde von einem Wuppertaler Spediteur und Oldtimersammler im Jahr 1999 mit viel Chrom restauriert und ist daher von seinem ursprünglichen Aussehen recht weit entfernt. Sowohl das Chassis als auch das Fahrerhaus stammten von der Feuerwehr. Das Fahrerhaus hat den Vorteil, dass es weitgehend der Bauart der ursprünglichen Fernverkehrskabine entspricht. Auf die Alubordwände und Kunststoffplanen, die es vor 50 Jahren noch nicht gab, hätte man besser verzichtet und zeittypische Materialien verwendet.*

80-PS-Vierzylindermotor und dem 4,5-Tonner GS 145 bzw. S 4500 mit 125 PS starker Sechszylindermaschine. 1944 gelang es den KHD-Konstrukteuren, einen Vierzylinder-Dieselmotor mit Luftkühlung zu Serienreife zu bringen. Dieses vor allem für die teilweise extremen Kältegrade an der Ostfront vorteilhafte Aggregat kam erstmals in dem von den Steyr-Werken entwickelten und bei Magirus in Lizenz gebauten Raupenschlepper Ost, einer Artilleriezugmaschine in Frontlenkerbauart, in großen Stückzahlen zum Einsatz.

*Im Jahr 1950 stellte Magirus in Ulm eine neue Lkw-Generation mit runden Motorhauben vor. Mit ihren in die Kotflügel integrierten Scheinwerfern wirkten diese formschönen Modelle unter den noch sehr zahlreich vertretenen eckigen Hauben überaus fortschrittlich. Dabei wirkten die nach oben aufklappbaren Motorhauben wie das gefräßige Maul eines Alligators. Hier der Blick auf den luftgekühlten, 175 PS starken Achtzylinder-V-Motor des Magirus-Deutz-Modells S 6500.*

*1960 wurde dieser Rundhauber des Typs Sirius 90 von dem Feuerwehrausrüster Gebr. Bachert in Bad Friedrichshall aufgebaut. Noch 1985 konnte man ihn bei den Basler-Verkehrsbetrieben als Oberleitungsturmwagen im aktiven Dienst antreffen. Als das kleinste Modell innerhalb der nach Sternbildern benannten Rundhauber-Serie hatte der Sirius einen Sechszylinder-Diesel mit 5100 ccm Hubraum und eine Motorleistung von 90 PS.*

*Hier ein schön wieder hergerichteter Magirus-Deutz Sirius 90-Kipper mit Meiller-Aufbau von 1958. Das von einem luftgekühlten Sechszylinder-V-Motor mit 90 PS angetriebene Fahrzeug konnte eine Zuladung von 7,5 t bewältigen. Es beförderte noch bis Ende der 1990er-Jahre Führerscheinaspiranten einer Fahrschule und wurde dann restauriert.*

Nach Kriegsende waren die Werksanlagen durch Luftangriffe größtenteils zerstört. Die Aufräum- und Wiederaufbauarbeiten gingen wie überall in Deutschland nur langsam voran. Dennoch lief die Produktion des zunächst noch wassergekühlten Dreitonners S 3000 in kleinen Stückzahlen bereits um die Jahreswende 1945/46 wieder an. Um noch vorhandene Lagerbestände aufzubrauchen, konstruierte man auf Basis des Raupenschleppers Ost den sogenannten Waldschlepper RS 1500. Dieser Kettenschlepper mit Vorlaufachse erhielt einen luftgekühlten 65-PS-Deutz-Dieselmotor.

Ab 1948 hatten sich die Verhältnisse soweit gebessert, dass mit dem Typ S 3000 wieder eine halbwegs geregelte Fertigung aufgenommen werden konnte. Die Vorstellung dieses Lastwagens mit dem neuentwickelten luftgekühlten Vierzylinder-75-PS-Wirbelkammer-Diesel erfolgte noch im gleichen Jahr auf der Exportmesse in Hannover. 1949 war die aufgelastete Ausführung S 3500 mit einem bereits 85 PS starken Motor lieferbar. 1951 erhöhte man die Leistung auf 90 PS. Das Fahrgestell wurde auch für Feuerwehraufbauten verwendet. Niederrahmen-Fahrgestelle für Omnibusaufbauten (O 3500) und eine Variante als Sattelzugmaschine wurden gleichfalls gefertigt.

Großes Aufsehen erregte auf der IAA 1951 die erste nach dem Krieg von Magirus entwickelte Lastwagenreihe. Die später so berühmt gewordenen Rundhauber mit ihren sehr fortschrittlich geformten, stark abgerundeten Motorhauben sollten weit über ein Jahrzehnt zum optischen Aushängeschild des Ulmer Unternehmens auf den Straßen werden. Ihr charakteristisches Heulen trug akustisch dazu bei. Wie bei einem beißbereitem Krokodil konnte man die runde Alligatorhaube als komplettes Bauteil nach obenklappen und so den ungehinderten Blick auf den Motor freigeben. Zunächst wurden der 3,5-Tonner S 3500 sowie der 6,5-Tonner S 6500 als Schwerlastwagen vorgestellt. In Letzterem wirkte der luftgekühlte Achtzylinder-V-Diesel F 8 L 614 mit 175 PS Leistung, der aufgrund seines großen Platzbedarfs für die etwas längere, besonders voluminöse Haube verantwortlich war. Ursprünglich war vorgesehen, das gesamte Lkw-Programm auf die neuen Fahrerhäuser mit den runden Motorhauben umzustellen. Da die aus einem Stück gefertigten Hauben aber bei Allradfahrzeugen, die im Gelände eingesetzt wurden,

*Dieser kapitale, wie neu wirkende Magirus-Deutz-O 3500-Möbelwagen aus dem Jahr 1955 mit passendem Anhänger hat eine abenteuerliche Geschichte hinter sich. Zuletzt stand er im Raum Mannheim und wurde als Heulager benutzt. Da er sich zum Glück in einem noch relativ vollständigen Zustand befand, ergaben sich bei der Restaurierung, die 1997 beendet werden konnte, keine unüberwindbaren Probleme. Heute ist dies wohl der einzig erhaltene Rundhauber-Möbelzug im ganzen Land.*

starken Verwindungen ausgesetzt waren und zum Aufspringen neigten, musste man Fahrzeuge mit Vierradantrieb ab 1953 wieder mit der für diesen Zweck besser geeigneten kantigen Haube ausrüsten. Ab 1953 war unter der Baubezeichnung S 4500 ein 4,5-t-Lastwagen lieferbar, den man zwei Jahre später mit dem luftgekühlten V 6-Dieselmotor F 6 L 614 bestückte. In den Jahren 1956/57 wurden die Modellbezeichnungen der Magirus-Lastkraftwagen in Planetennamen geändert. So hieß der S 3500 nun Sirius, der S 4500 Merkur und der S 6500 bzw. 7500 Jupiter. Der S 4500 Merkur wurde 1956 auf 5,5 t Nutzlast verstärkt und war nun unter der Bezeichnung S 5500 Saturn lieferbar. Da das schwere Fahrzeug mit der 125-PS-Maschine ein wenig untermotorisiert war, wurde deren Leistung 1958 um 20 PS angehoben und das Modell als Saturn 145 verkauft. 1959 erschien mit dem Typ Sirius 90 L ein für 80 km/h ausgelegter Schnelllastwagen mit 90-PS-Sechszylinder-Diesel im Verkaufsprogramm. Hinzu kam ein mit 85 PS motorisierter Kipper (Sirius K). Als letztes Modell mit runder Motorhaube war der Typ 110 D 7 L als Paketpostwagen der Bundespost bis in die frühen 1970er-Jahre in der Produktion.

Mit Beginn der 1960er-Jahre wurde die runde Haube bei allen Modellen mit Straßenantrieb Zug um Zug durch eine eckige Motorhaube ersetzt, die bereits die Allradlastwagen schmückte. Der Rückschritt zum freistehenden Scheinwerfern erschien jedoch anachronistisch. Die neue Fahrzeuggeneration wurde später unter dem Begriff Eckhauber bekannt und blieb bis in die 1970er-Jahre aktuell. Bereits 1953 wurde in der schweren Klasse die Allradvariante S 6500 speziell als geländegängiges Militärfahrzeug für die zukünftige Ausrüstung der

*Zu Beginn der 1960er-Jahre erfolgte der fast vollständige Übergang von den bisherigen Rundhaubern zur eckigen Haubenform. Insbesondere bei im Baustellenbereich und in schwierigem Gelände zum Einsatz kommenden Fahrzeugen wurden die eckigen Hauben schon seit den frühen 1950er-Jahren verwendet. Dieser Allradkipper Magirus-Deutz Mercur 120 L entstand 1964 und ist mit einem Sechszylinder-Wirbelkammer-Diesel mit 120 PS ausgerüstet.*

Bundeswehr und anderer Nato-Armeen gebaut. Dieses zunächst mit dem luftgekühlten 175-PS-Achtzylinder ausgerüstete, später als A 7500 bzw. Jupiter A bezeichnete Modell war vielfach auch als Exportfahrzeug vor allem im Nahen Osten zu finden. Der dickste Brocken im Magirus-Programm der 1950er-Jahre war der schwere Dreiachser Uranus. Dieser war wahlweise auch mit einem 250-PS-V-Zwölfzylindermotor erhältlich und galt damals als nahezu konkurrenzloser Marktlückenfüller. Seine Domäne war der Einsatz als Zugmaschine, Sattelschlepper, Muldenkipper oder Kranwagen.

Zur IAA 1957 wurden auch die ersten Magirus-Frontlenkermodelle mit Vier- und Sechszylindermotoren vorgestellt. Aber erst ab 1959 fand das Fahrerhaus der neuen Frontlenker mit den Typen Saturn 195 F und FS seine vorerst endgültige Form.

*1966 wurde dieser Magirus-Deutz 200 D 26 AK gebaut, der noch mit einem luftgekühlten Wirbelkammer-V-8-Diesel mit 200 PS Leistung ausgerüstet ist. Diese schweren Fahrzeuge wurden in der Firmenwerbung als Bullen bezeichnet. Hier ein Baustellen-Bulle im Einsatz.*

Diese Modelle waren mit 195 PS starken Achtzylindermotoren ausgerüstet. Bei den schweren Fahrzeugen hatte man bereits Mitte der 1950er-Jahre mit einer Frontlenker-Kippkabine experimentiert, die aus verschiedenen Gründen nicht in Serie ging. So blieb es der Firma Krupp vergönnt, diese wartungsfreundliche Kabinenausführung im Jahr 1965 einzuführen. Bei den Frontlenkern folgten 1961 die Typen Saturn und Pluto F mit 200 PS starken Antriebsaggregaten, die es ebenfalls als dreiachsige Sattelzugmaschinen (FS) für 32 t Gesamtzuggewicht gab. Diese Modelle waren seinerzeit im schweren Fernverkehr recht verbreitet. Das äußere Bild der Magirus-Frontlenker änderte sich ab 1963 drastisch. Mit dem Dreiachs-Frontlenker Saturn TE 235 F präsentierte das Ulmer Unternehmen auf der IAA jenes Jahres das erste Glied einer neuen Frontlenker-Lastwagenbaureihe mit komplett neugestalteten, kantigeren Fahrerhäusern, die bis weit in die 1970er-Jahre aktuell blieben. 1964 führte Magirus anstelle der Planetennamen ein neues Nummernsystem für die Typenbezeichnungen ein, aus dem sich nun das zulässige Gesamtgewicht sowie die Motorleistung ableiten ließen. Drei Jahre später ging man bei den Motoren auf das verbrauchsgünstigere Direkteinspritzverfahren über. Die Bandbreite der Motorisierung erstreckte sich vom 90 PS starken Sechszylinder bis hin zum ab 1969 erhältlichen Zwölfzylinder mit 340 PS.

1966 fand Magirus den Einstieg in die Nutzlastklasse des leichten Verteilerverkehrs, indem das Unternehmen einen Dreitonner-Lkw des Landmaschinenherstellers Eichers übernahm. Mit der Integration der Magirus Deutz AG in den 1975 gegründeten IVECO-Konzern rückte der Traditionsname Magirus in den Hintergrund und findet seither nur noch im Brandschutzbereich dieses Unternehmens Verwendung.

*Die Abbildung zeigt den Schriftzug MAN-Diesel, wie er am Kühlerschutzgitter eines kurz nach Kriegsende gebauten Lastwagens angebracht war. Das darüber befindliche Emblem weist aus, dass der Lkw 380.000 Kilometer zurückgelegt hatte. Damals war es vor allem in der Lkw-Branche üblich, für störungsfreie oder besonders hohe Laufleistungen Erinnerungsplaketten zu vergeben.*

# MAN

1898 entstand aus dem Zusammenschluss zweier Unternehmen aus Augsburg und Nürnberg die Maschinenfabrik Augsburg-Nürnberg AG (MAN), die sich seit 1915 dem Lkw-Bau widmete. Bereits im März 1914 hatten MAN und der in Arbon am Bodensee beheimatete Schweizer Lastwagenproduzent Adolph Saurer AG einen Kooperationsvertrag über den Bau eines gemeinsamen Lastwagens abgeschlossen. Dadurch konnte sich MAN aufwendige Entwicklungskosten ersparen. Die ersten Fahrzeuge waren Zweitonner mit Kardanantrieb und Vier- und Fünftonner mit Kraftübertragung mittels Ketten, die noch in dem Saurer-Zweigwerk in Lindau montiert wurden. Ende 1915 begann die Produktion im eigenen Werk in Nürnberg. Nach Kriegsende zog sich Saurer aus der Partnerschaft zurück, sodass die Lastwagen fortan unter der Markenbezeichnung MAN verkauft wurden.

Rudolf Diesel hatte bei der Maschinenfabrik Augsburg das Konzept der nach ihm benannten Motoren entwickelt, das im Mai 1895 erstmals zufriedenstellend erprobt wurde. 1924 wurde der erste MAN-Lastwagen mit einem 45 PS leistenden Direkteinspritz-Dieselmotor auf den Markt gebracht. In den folgenden Jahren entstanden weitere, teilweise noch mit Vergasermotoren ausgerüstete Konstruktionen, die 1927 in einem Dreiachser für 8–10 t Nutzlast gipfelten. Dieses schwere Modell war wahlweise mit einem 150 PS starken Diesel- oder Vergasermotor erhältlich. Nach dem Ende der Wirtschaftskrise ging es mit dem Lkw-Bau wieder bergauf. Man baute bis zum Ende des Jahrzehnts nach dem Baukastensystem konstruierte Lastwagen zwischen 2,5 und 6,5 t Tragfähigkeit, mit Dieselmotoren, einheitlichen Getrieben und vielen untereinander austauschbaren Baukomponenten. Das schwerste Modell war der Typ F 4, unter dessen langer Haube ein 150 PS starker Dieselmotor seinen Dienst verrichtete. Nach den Bestimmungen des Schell-Typenbegrenzungsplanes durften nur noch Lastwagen in den Gewichtsklassen 3 t und 4,5 t gebaut werden. Seit 1937 waren

Das Flaggschiff des MAN-Programms der frühen 1950er-Jahre war das 1951 vorgestellte 8-t-Schwerlastwagenmodell F 8. Unter dessen breiter, bulliggedrungener Haube verrichtete ein kraftvoller Achtzylinder-Diesel in V-Form mit 11633 ccm Hubraum und 180 PS Leistung seine Arbeit. Mit kaum mehr als 60 km/h Höchstgeschwindigkeit konnte der F 8 bestimmt keinen Schnelligkeitsrekord erringen, dafür war er grundsolide und ausdauernd auf langen Strecken. Im Anhängerbetrieb konnte er bis zu 40 t Gesamtzuggewicht in Bewegung halten. Dieser 1975 fotografierte Zug aus dem Jahr 1955 wurde als vermutlich letztes Exemplar dieses Typs in Mitteleuropa erst 1985 endgültig aus dem Verkehr gezogen. In den letzten Jahren fuhr der F 8 zwar nur noch im Nahverkehr, besaß aber mittlerweile die 5. Maschine und legte in seiner Einsatzzeit weit über 2,5 Millionen Kilometer zurück.

Nur unwesentlich leichter als der F 8 war der etwas schwächer dimensionierte Typ 758 L 1. Er konnte ebenfalls 8 t transportieren, war mit 155 PS aber etwas wirtschaftlicher als sein großer Bruder. Dieses 1954 gebaute Fahrzeug war anfangs im Fernverkehr tätig, bis es in den frühen 1970er-Jahren von der MAN-Vertretung Augsburg als Abschleppkranwagen eingesetzt wurde. Ende der 1980er-Jahre nahm sich ein Sammler seiner an.

*Die MAN-Werke produzierten bereits seit 1940 das 4,5-t-Modell ML 4500. Aus diesem sehr bewährten Lastwagen entstand 1946 unter Nutzlasterhöhung auf 5 t der sogenannte MK. Gleichzeitig stieg die Motorleistung auf 120 PS. In dieser Form blieb der Typ bis 1950 im Fertigungsprogramm. Hier ein gut restauriertes Exemplar von 1949.*

*1954 brachte MAN den sehr handlichen 5-t-Lkw des Typs 515 L 1 heraus, dessen Antrieb ein nach dem M-Verbrennungsverfahren arbeitender Sechszylinder-Direkteinspritz-Diesel mit 7983 ccm Hubvolumen und 115 PS Motorleistung besorgte. Die Technologie der sogenannten flüsternden Diesel war damals das Nonplusultra und fast allen am Markt befindlichen Motorkonstruktionen weit überlegen. Hier ein Lkw mit Hochpritsche mit 4,60 m Radstand.*

*1956 kam das Lkw-Modell 620 L 1 auf den Markt. Die Fortbewegung dieses 6,5-t-Lastkraftwagens erfolgte durch einen nach dem M-Verfahren arbeitenden Sechszylinder-Diesel mit 120 PS Leistung und 8276 ccm Hubraum. Die erfolgreiche Restaurierung des 1956 gebauten Kippers ist 1999 abgeschlossen worden.*

*Dieser 1957 gebaute MAN 620 L 1 besitzt eine Meiller-Kippbrücke. Er war das Nachfolgemodell des Typs 515, dessen Ganzstahlfahrerhaus übernommen wurde. Das abgebildete Fahrzeug war bis etwa 1992 im Einsatz, bevor es restauriert wurde.*

die Fahrzeuge mit den neuentwickelten Direkteinspritzmotoren mit kugelförmigem Brennraum ausgerüstet, die G-Motoren genannt wurden. Besonders erfolgreich war der ab 1940 gebaute 4,5-Tonner ML 4500, der auch als Allradwagen angeboten wurde. Unter der kurzen Haube des sehr robusten Lastwagens arbeitete ein 110 PS Diesel.

Im Krieg wurden die Nürnberger Werksanlagen weitgehend zerstört. Trotzdem konnten bis Weihnachten 1945 die ersten 4,5-Tonner montiert werden. Dieses Modell wurde ab 1946 als MK bezeichnet, auf 120 PS und 5 t Nutzlast angehoben und bis 1950 produziert. Ab 1950 wurden die bisher sehr kantigen Motorhauben durch Abrundung gefälliger gestaltet. Gleichzeitig bot man unter der Typenbezeichnung MK 26 nun einen Sechstonnen-Lkw mit 130 PS Motor an. Der bisherige Typ MK wurde unter der Modellbezeichnung MK 25 weitergebaut.

Zur IAA 1951 sorgte MAN mit dem neuen 8-t-Schwerlastwagenmodell F 8 für Aufsehen. Unter der breiten, bullig-kurzen Haube dieses neuen Flaggschiffs arbeitete ein Achtzylinder-Diesel in V-Form, der aus 11.633 ccm Hubraum eine Maximalleistung von 180 PS herausholen konnte. Modern wirkten auch die in die Kotflügel eingelassenen Scheinwerfer. Dieser grundsolide und ausdauernde Lastwagen brachte mit Anhänger bis zu 40 t Gesamtzuggewicht auf die Waage. Bis zum Inkrafttreten der Seebohmschen Gesetze blieb der F 8 das stärkste Fahrzeug der MAN-Lkw-Flotte im schwe-

*Seite 126/127: Dieser authentisch restaurierte ARAL-Tanksattelzug mit seiner MAN 735 L 1-Zugmaschine wurde 1990 auf einem Schrottplatz entdeckt und vor der Zerlegung gerettet. Für den nötigen Vortrieb sorgt ein 135 PS starker Sechszylinder-M-Diesel. Dieser wunderschöne Zug bringt ein zulässiges Gesamtgewicht von 32 t auf die Waage und lässt sich mit maximal 70 km/h fortbewegen.*

K.H. Brühne G.m.b.H.
BAUSTOFFE
Dortmund-Aplerbeck

Heinrich
M·A·N
620
M·A·N
DIESEL
DO B 668H

*Seit 1948 stellte MAN auch Omnibusfahrgestelle her, die unter der Typenbezeichnung MKN liefen. Zu deren Bau wurden Komponenten des Lastwagens MK verwendet, wie z. B. der 120 PS leistende Sechszylinder-Diesel. Zunächst wurde der MKN in konventioneller Bauweise mit kantiger, prägnanter Lastwagenhaube gefertigt, die aber später durch eine gefälliger wirkende runde Haube ersetzt wurde. Ein gutes Beispiel ist dieses Mitte der 1950er-Jahre von Kässbohrer erstellte Exemplar.*

*Etwa ab 1956 produzierten auch die MAN-Werke Lastwagen in Frontlenker-Bauweise. Dabei verwendete man Fahrgestelle der Haubenwagen, was zur Folge hatte, dass der Motor in der Mitte der Fahrerkabine positioniert werden musste. 1963 kam es zum Bau des Frontlenker-Schwerlastwagens 10.212 F, der für 10 t Nutzlast und 16 t Gesamtgewicht ausgerichtet war. Diesen Lastwagen brachte ein Sechszylinder-Reihen-Direkteinspritz-Diesel mit 9659 ccm Hubraum und 212 PS zum Laufen. Als einer der letzten Überlebenden war dieser Fernverkehrszug mit Anhänger noch im Jahr 1985 bei einer Leverkusener Spedition im Einsatz.*

*Dieser in den Niederlanden beheimatete MAN 10.212 F-Fernverkehrszug steht nicht mehr im aktiven Dienst, sondern ist ein voll betriebsfähiges Veteranenobjekt. Dieser Typ wurde aufgrund seines Designs scherzhaft als Pausbacke bezeichnet, ein Eindruck, den dieses Bild besonders gut verdeutlicht.*

ren Fernverkehr. Danach wurde der Riese in diesem Bereich unwirtschaftlich und, um das technisch mögliche Gesamtgewicht von 19 t auch nutzen zu können, hauptsächlich als Kipper oder für den Export gebaut. Erst 1963 endete seine Fertigung.

1951 stellte MAN auch den ersten deutschen Dieselmotor mit Abgasturbolader vor, der erstmals in dem neuen, ab 1954 lieferbaren Typ 750 TL 1 für die Kundschaft erhältlich war. Der 750 TL 1 wurde von dem ebenfalls neuentwickelten, nach dem M-Verbrennungsverfahren arbeitenden 155-PS-Sechszylindermotor angetrieben. Diese Motoren wurden im Jahr 1954 serienreif und arbeiteten mit Direkteinspritzung funktionierenden Mittenkugelverbrennungsverfahren, das nach seinem Erfinder Prof. Dr. Meurer als M-Verfahren bezeichnet wurde. Diese Neuheit bedeutete einen großen Fortschritt im Dieselmotorenbau, denn das beim Selbstzünder übliche Nageln beim Kaltstart und im Leerlauf gehörte nun weitgehend der Vergangenheit an. Dieser Vorteil musste allerdings mit einem höheren Kraftstoffverbrauch erkauft werden.

Der Fünftonnentyp MAN 515 L 1 war 1954 mit seinem 115 PS starken Sechszylinder-M-Diesel das erste Modell einer neuen Baureihe, die mit den Typen 620, 630, 735 und 745 mit Motorleistungen zwischen 120 und 155 PS und unterschiedlichen Nutzlasten ihre Fortsetzung fand. Der ab 1955 angebotene und mit 155 PS gegenüber dem schwereren F 8 etwas kleinere, aber auch wirtschaftlichere Typ 758 L 1 wies ebenfalls eine Nutzlast von

*Seit 1957 befand sich der kleine 4,5-t-Frontlenker-Lkw 415 F im MAN-Bauprogramm. Der auch in einer Kurzhaubenausführung erhältliche Lkw besaß einen Sechszylinder-Diesel mit zunächst 115 PS, gegen Ende seiner Bauzeit im Jahr 1970 mit 130 PS Motorleistung. Zuletzt betrug seine Nutzlast 5,4 t bei 11 t Gesamtgewicht. Dieser schön restaurierte Anhängerzug ist von 1968 und kann eine Spitzengeschwindigkeit von 86 km/h erreichen.*

8 t auf. Gleichermaßen in der Achttonnen-Klasse beheimatet war der parallel angebotene Typ 830 L 1 mit 130-PS. Dieses Fahrzeug war in erster Linie dem Solo-Verkehr vorbehalten. Darüber hinaus gab es weitere Haubenlastwagen mit unterschiedlichen Motorleistungen und Nutzlasten im bekannten Design. Das letzte schwere Haubenmodell war der zwischen 1957 und 1960 in geringen Stückzahlen gebaute 160-PS-Lkw 860 L 1. 1957 bot MAN mit den Typen 620 und 750 L 1 F auch die ersten Fahrzeuge in Frontlenkerbauweise serienmäßig an.

Der Vorreiter einer komplett neu gestalteten Lastwagenfamilie war die 1955 vorgestellte Programmergänzung am unteren Ende der Nutzlastpalette. Der neue Viertonner 400 L 1 wies ein modernes, völlig neu gestaltetes Fahrerhaus in Pontonform auf. Durch die Panorama-Frontscheibe und die großflächige Verglasung auch im hinteren Bereich war eine gute Rundumsicht gewährleistet. Diese Form entsprach viel eher dem Zeitgeschmack als der mittlerweile antiquiert wirkende Haubenwagen. Nach und nach wurden immer mehr Modelle mit der neuen modernen Kabinenform ausgestattet. Dieses Design blieb in seiner Grundform unverändert und z. T. sogar noch bis in die 1990er-Jahre bestehen. Da MAN das ehemalige BMW-Flugmotorenwerk in München erworben und großzügig ausgebaut hatte, entstanden ab 1955 die neuen MAN-Kurzhauber im neuen Werk. Ab 1959 gab es auch ein Fahrerhaus für die schweren Modelle, das nach den gleichen Bauprinzipien ausgestattet war.

Ein weiterer Geschäftszweig der MAN-Werke war die Belieferung der Bundeswehr und andere

*Zeitgleich mit den Frontlenkern befanden sich auch leistungsmäßig identische Haubenmodelle im MAN-Fahrzeugprogramm. Hierzu gehörte auch der Typ 10.212 H – ein Schwerstlastwagen, den es hauptsächlich als Kipper und Sattelzugmaschine gab. Abgebildet ist ein restaurierter Kipper von 1964, für dessen Fortbewegung ein Sechszylinder-Direkteinspritz-Diesel mit 212 PS Leistung verantwortlich war.*

Nato-Partner. Von 195[illegible] bis 1972 lieferte MAN nahezu 30.000 Stück des Militär-Lastwagenmodells 630 L 2 A, das der Fünftonnen-Klasse angehörte. Dieser sehr solide Militär-Lkw hatte einen 130-PS-Vielstoffmotor, sodass er auch mit minderwertigen Kraftstoffen zum Laufen gebracht werden konnte.

Nachdem die für den Lkw-Bau restriktiven Maße- und Gewichtsbestimmungen gelockert worden waren, boten die MAN-Werke neben den in Kurzhauber-Bauweise ausgeführten Lastwagen mit unterschiedlichen Motorleistungen und Nutzlasten in den 1960er-Jahren auch schwere Frontlenkerlastwagen an. Den Anfang dieser mit neuer, breiter Kabine und durchgehender Panoramascheibe recht bullig gestalteten Schwerlastwagen machte der Typ 770 L 1 F. Ab Frühjahr 1961 folgte das Fernverkehrsfahrzeug 10.210 TLF 1, das von einem 210 PS starken Sechszylinder-Direkteinspritzdiesel mit Aufladung fortbewegt wurde. In dieser Klasse (10 t Nutzlast bei 16 t zulässigem Gesamtgewicht) wurde ab 1963 der Typ 10.212 F ohne Aufladung angeboten, der auch als Sattelzugmaschine erhältlich war. Das im unteren Bereich etwas breit geratene Fahrerhaus trug diesen Modellen den scherzhaften Namen Pausbacke ein. Es war zunächst fest auf dem Rahmen montiert, wurde aber 1965 überarbeitet und zu einer kippbaren Einheit umkonstruiert. Nachdem MAN bereits 1959 durch die Seebohmschen Gesetze dazu veranlasst wurde, die ersten Versuche mit Dreiachs-Frontlenkern zu unternehmen, konnte 1964 ein Dreiachs-Modell mit zwei angetriebenen Hinterachsen auf den Markt gebracht werden. Das zulässige Gesamtgewicht war bei Betrieb auf öffentlichen Straßen

*Ab 1966 wurde auch das dreiachsige Frontlenker-Schwerstlastwagenmodell 15.215 DF angeboten. Dieses Baumuster gab es als Pritschenwagen, Sattelzugmaschine und mit einem speziellen Betonmischerfahrgestell. Der Sechszylinder-Direkteinspritz-Diesel hatte einen Hubraum von 10344 ccm mit 215 PS bei 2200 U/min. Hier ein vorbildlich restaurierter schwerer Sattelzug mit Dreiachs-Pritschenauflieger aus dem Jahr 1968.*

auf 22 t begrenzt, konnte aber im Baustellenverkehr oder mit Sondergenehmigung auf maximal 26 t erhöht werden.

1967 präsentierte MAN den ersten Frontlenker-Lkw Typ 8.156, der eine neue Reihe mit modernen kubischen Fahrerhäusern anführte, die gemeinsam mit dem französischen Partner Saviem entwickelt worden waren. Diese kippbare Konstruktion wurde in verschiedenen Ausführungen und Baulängen angeboten. Die Kooperation mit Saviem beinhaltete auch den gegenseitigen Austausch des Bauprogramms. Damit bezog MAN zur Abrun-

dung seiner Angebotspalette auch Leichtlastwagen und Transporter ab 2 t Nutzlast von seinem französischen Partner und konnte sie auf dem deutschen Markt anbieten. MAN stieg 1968 bei der Braunschweiger Firma Büssing ein und übernahm sie 1972 vollständig. Die Unterflur-Lastwagen, eine besondere Spezialität der Braunschweiger, wurden eine zeitlang unter der Bezeichnung MAN-Büssing weitergebaut. In der Folgezeit kam es auch zu einer Zusammenarbeit mit der Daimler-Benz AG – dem schärfsten Mitbewerber auf dem Nutzfahrzeugsektor – die eine Arbeitsteilung bei der Entwicklung von Achsen und Motoren zum Ziel hatte. Die in den 1980er-Jahren von VW und MAN neu entwickelte Gemeinschaftsbaureihe leichter Transportfahrzeuge diente der Abrundung der Angebotspaletten beider Unternehmen.

*Opel der Zuverlässige – dieses Attribut bezog sich in erster Linie auf den Dreitonner-Blitz S mit Hinterradantrieb, aber auch auf das Modell A mit Allradantrieb. In Kriegszeiten und in den Jahrzehnten danach stellten sie ihr Können erfolgreich unter Beweis. Das zeigt auch der mit einem Mercedes-Stern dekorierte allradgetriebene Abschleppwagen des Typs 6700 A, der noch in den 1980er-Jahren eingesetzt wurde. Die Fortbewegung erfolgte durch einen Sechszylinder-Vergasermotor mit 68 PS.*

*Im Bezirk Halle in der ehemaligen DDR lief bis mindestens Mitte der 1990er-Jahre dieser 1939 im Werk Brandenburg/Havel hergestellte Opel-Blitz 3 t als Sattelzugmaschine. Der in Gemischtbauweise ausgebildete einachsige Möbelauflieger wurde bereits zwei Jahre zuvor von einem Bremer Karosseriebetrieb erstellt. Dieser wohl einzigartige Zug wurde zum Glück nicht verschrottet, sondern konnte diesem Schicksal durch Flucht in den Westen zu einem Sammler entgehen.*

# Opel

Der Firmengründer Adam Opel begann 1868 mit der Herstellung von Nähmaschinen in dem kleinen Ort Rüsselsheim in der Nähe von Frankfurt. 1886 kamen Fahrräder hinzu und 1899 entstand der erste Motorwagen mit 3,5-PS. Davon abgeleitet wurden die ersten Lieferwagen und kleinen Lastkraftwagen. Damit war der Schritt zu einem richtigen Lastwagen nicht mehr weit, der 1909 auch vollzogen wurde. Es waren von der Reichsregierung subventionierte Regellastwagen mit Nutzlasten von 3–4 t, die sich auch für militärische Zwecke eigneten. So brauchte sich das Unternehmen über den Absatz dieser 30-PS-Lastwagen keine Sorgen zu machen. Während des Ersten Weltkrieges verließen etwa 4400 3,5- und 4,5-Tonner die Rüsselsheimer Werkshallen. In den 1920er-Jahren wurde auf die

bewährte Konstruktion zurückgegriffen und die Fahrzeuge für den zivilen Einsatz adaptiert. Aber erst mit der Übernahme des Unternehmens durch den US-amerikanischen General-Motors-Konzern im Jahr 1928 sollte das Nutzfahrzeugprogramm hinsichtlich der Stückzahlen vergrößert werden. Wie schon die Ford-Werke sicherte sich auch General-Motors mit einer eigenen Produktionsstätte in Deutschland den Einstieg in den deutschen und europäischen Markt. 1929 übernahm GM zunächst einen 80%igen Anteil an Opel, der 1931 auf volle 100 % aufgestockt wurde. Die amerikanische Einflussnahme führte schnell zu einer Rationalisierung des Fertigungsprogramms. 1931 begann die Serienfertigung eines neuen 2,5-Tonners, der unter dem einprägsamen Namen Blitz angeboten wurde. Schon bald sollte er einen geradezu legendären Ruf erlangen, der so stark nachwirkte, dass er selbst heute noch nicht in Vergessenheit geraten ist.

Nun begann eine stetige Aufwärtsentwicklung, der die Rüsselsheimer Baukapazitäten nicht gewachsen waren. 1935 wurde in Brandenburg an der Havel der Grundstein für die größte und modernste Nutzfahrzeugfabrik Europas gelegt. In der unglaublich kurzen Zeit von nur 190 Tagen waren die Werksanlagen fertiggestellt. Die gesamte

*Ein Zwitter ist dieser in Lizenz im Jahr 1948 von den Daimler-Benz-Werken gefertigte L 701-Lastkraftwagen, der in technischer Hinsicht vollkommen auf dem Opel-Dreitonner basiert. Der Lizenzbau ist an den fehlenden Kühleremblemen zu identifizieren, da er weder den Opel-Blitz-Schriftzug noch den Mercedes-Stern trägt. Das restaurierte Fahrzeug wurde mit einem während der Kriegszeit üblichen Holzgasgenerator ausgerüstet. Denn damals waren flüssige Kraftstoffe knapp, weshalb auf dieses umständliche Verfahren zurückgegriffen werden musste.*

*Nach Kriegsende nahmen die Rüsselsheimer Opel-Werke den Bau von Lastkraftwagen wieder auf. Allerdings beschränkten sie sich dabei auf den kleinen 1,5-Tonner. Dieses Exemplar gehörte zu den 839 Fahrzeugen, die bereits 1946 wieder gebaut werden konnten. Der kleine Blitz besaß den gedrosselten 55-PS-Vergasermotor des Opel-Kapitän, der den Lkw zu beachtlichen Fahrleistungen verhalf.*

Das Nachfolgemodell des 1,5-Tonners war der erstmals 1952 vorgestellte, in der damals aktuellen Stilrichtung ausgeführte Opel-Blitz Typ 1,75 t. Im Wesentlichen basierte er zwar auf der bewährten Technik seines Vorgängers, kam aber in den Genuss von zunächst drei zusätzlichen Pferdestärken und ab 1955 sogar auf 62 PS. Für einige Jahre konnte der ebenfalls mit einem Vergasermotor bestückte 1,75-Tonner die uneingeschränkte Marktführerschaft behaupten.

Lkw-Produktion wurde von Rüsselsheim nach Brandenburg verlagert. Das sehr effiziente Fließbandsystem konnte bis zu 150 Fahrzeuge pro Tag auszustoßen. 1936 wurde den bisherigen Zwei- und 2,5-Tonnern ein neuer Dreitonner, der Opel-Blitz S, zur Seite gestellt. Er wurde die mit Abstand bekannteste Blitz-Variante und das Erfolgsmodell Opels schlechthin. Ab 1937 erhielt der große Blitz den neuen kurzhubigen 3,6-Liter-Sechszylinder-Motor mit 75 PS. Es war das gleiche Aggregat, das auch für den Pkw Admiral verwendet wurde. Zwischen 1936 und 1944 entstanden insgesamt etwa 130.000 Dreitonner, darunter auch zahlreiche Allradlastwagen des Typs 6700 A sowie Halbkettenfahrzeuge des Typs Maultier, bei denen man die Hinterachse durch ein Gleiskettenlaufwerk ersetzte. Der Opel Blitz 3 t bewährte sich vor allem unter den teilweise extremen Straßen- und Wegeverhältnissen an der Ostfront, sodass Adolf Hitler die Einstellung der Produktionen der Mitbewerber verfügte – selbst die des Mercedes-Benz L 3000 S. Mitte 1944 war außerdem erlassen worden, dass Mercedes-Benz das Opel-Produkt unter der Bezeichnung L 701 in Lizenz fertigen musste. Im August 1944 erfolgte ein gezielter amerikanischer Tagesluftangriff auf das Brandenburger Opel-Werk. Die Zerstörungen waren so nachhaltig, dass die Lastwagenfertigung an diesem Standort für den Rest des Krieges ausfiel.

Schon 1934 hatte man das Lkw-Programm durch einen 1-t-Schnelllastwagen mit 36-PS-Motor ergänzt. 1938 wurde dieser Blitz auf 1,5 t Nutzlast

*Die Abbildung zeigt einen toprestaurierten Opel-Blitz Typ 1,75 t aus dem Jahre 1957. Der kleine Lastwagen besitzt bereits den 62 PS starken Sechszylinder-Vergasermotor und hat den kurzen 3,30-m-Radstand.*

aufgelastet und mit einem 55 PS starken Sechszylinder-Vergasermotor aufgewertet. Er wirkte wie eine verkleinerte Ausführung des Dreitonners und bewährte sich ebenso gut wie dieser.

Nach Ausfall des Brandenburger Werks, das in der damaligen Sowjetischen Besatzungszone lag, konnte die Produktion nach Kriegsende lediglich mit dem leichten 1,5-Tonner in Rüsselsheim wieder aufgenommen werden. Man glaubte, auf eine Weiterentwicklung des berühmten Dreitonners verzichten zu können, und beschränkte sich fortan ausschließlich auf den Bau leichter Lastkraftwagen. So lief ab Juli 1946 der Bau des kleinen Blitz-Lastwagens wieder an. Mit seinem Vergasermotor erwies er sich als ein sehr zuverlässiger und vor allem spurtstarker kleiner Lkw, der ohne weiteres 95 km/h Höchstgeschwindigkeit brachte. Bis zur Produktionseinstellung im Jahr 1951 verließen mehr als 37.000 dieser Schnelllastwagen die Montagebänder.

Anfang 1952 löste ein neuentwickelter 1,75-Tonner das bisherige Modell ab. Er wurde wie alle bis-

herigen Opel-Lastwagen von einem nunmehr 58 PS starken Vergasermotor (ab 1955 mit 62 PS) angetrieben. Während an der ausgereiften Technik keine grundsätzlichen Änderungen erforderlich waren, waren beim äußeren Erscheinungsbild die amerikanischen Stileinflüsse unverkennbar. Motorhaube und Kabine waren von einer allseits verrundeten Form geprägt, die bereits bei den leichten Hanomag- und Ford-Lastwagen und später auch bei Borgward zu finden war. Nicht nur bei den zahlreichen kleineren Feuerwehren war der neue Blitz heißbegehrt, sondern auch in der Wirtschaft. Bis zum Modellwechsel Anfang 1960 wurden etwa 90.000 Einheiten dieses sehr beliebten Schnelllastwagens verkauft. Unangefochten behauptete Opel die Marktführerschaft in dieser Klasse.

Zunehmender Konkurrenzdruck, nicht zuletzt durch den neuen Mercedes-Benz-Transporter L 319, ließ die ersten dunklen Wolken für den Opel-Lastwagenverkauf aufziehen und veranlasste die Konstrukteure, ein Nachfolgemodell zu entwickeln. Heraus kam ein auf der IAA 1959 vorgestellter, wiederum nur mit einem 70-PS-Vergasermotor erhältlicher 1,9-t-Lastwagen mit schräg nach vorn abfallender Haube. Das weiterhin fehlende Dieselaggregat war das größte Manko dieses neuen Lastwagens, bot die Konkurrenz doch zumindest wahlweise wirtschaftlichere Dieselmotoren auch in dieser Klasse an. So wundert es nicht, dass die Verkaufszahlen ab 1961 kontinuierlich sanken. 1965 unterzog Opel den treuen Blitz einer weiteren Erneuerung. Im Gegensatz zum Vormodell, dessen Design nur verhaltenen Beifall gefunden hatte, konnte man nun mit einer gestrafften, kantigeren Front aufwarten. Die neue Haube gab dem jetzt wahlweise als 2,1- und 2,4-Tonner lieferbaren kleinen Lkw ein ausdrucksvolleres Aussehen. Der gedrosselte Vierzylinder-Vergasermotor aus dem Pkw Rekord 1,9 l leistete 80 PS und ab 1968 gab es sogar endlich einen 60-PS-Dieselmotor, den die Peugeot-Werke beigesteuert hatten. Allerdings war es zu spät und die Verkaufszahlen gingen trotz kurzzeitiger Erfolge durch den Dieselmotor weiter zurück. So entschloss sich die amerikanische GM-Konzernspitze im Zuge einer Neuordnung der europäischen Töchter, die Lastwagenfertigung in Deutschland einzustellen. Im Januar 1975 rollten die letzten Opel-Blitz-Lastwagen vom Band und beendeten damit eine rund 70-jährige traditionsreiche Entwicklung. Der bis weit in die 1980er-Jahre hinein vertriebene englische Bedford-Blitz mit Opel-Emblem war für die Kunden keine Alternative.

*Die Abbildung zeigt das mit drei Ringen unterlegte Tempo-Markenemblem – in diesem Fall an einem Hanseat.*

# Tempo

Das im Jahr 1928 in Hamburg-Harburg gegründete Tempo-Werk Vidal & Söhne spezialisierte sich in der Vorkriegszeit auf Dreirad-Lieferwagen. Zusammen mit den Goliath-Modellen beherrschten die Tempo-Dreiräder eindeutig den Markt. Der in großen Stückzahlen hergestellte Typ E 400 wurde im Krieg zum Einheitsmodell bestimmt und auch von Konkurrenzfirmen gebaut.

Da das Werk von Kriegszerstörungen weitgehend verschont blieb, konnte die Produktion des nun als A 400 bezeichneten Dreirades bereits im Juli 1945 wieder aufgenommen werden. Ab 1948 wurde das Modell mit einem Zweizylinder-Zweitakt-ILO-Motor mit anfangs 400 ccm Hubraum und 12,5 PS Leistung unter dem Namen Hanseat angeboten. Ab März 1950 erhielt der Hanseat einen leistungsgesteigerten Flachkolbenmotor, ein Vierganggetriebe und weitere, äußerlich nicht sichtbare Verbesserungen, wozu auch eine neukonstruierte Hinterachse zählte.

1950 folgte eine Neukonstruktion mit dem Namen Boy, aus deren 200- bzw. 250-ccm-Motor 7,5 bzw. 9,5 PS herausgeholt werden konnten. Speziell dieser Dreirad-Kleinlaster bot den damals sehr bedeutsamen Vorteil, dass er ebenso wie das Goggomobil von Glas von Besitzern des ohne Fahrprüfung erhältlichen Führerscheins der Klasse IV gefahren werden konnte. Boy und Hanseat blieben mit verschiedenen, im Laufe der Zeit durchgeführten Detailverbesserungen bis Ende 1960 in der Fertigung. Beide Modelle gab es sowohl als übliche

Pritschenausführung als auch als Kastenwagen. 5.937 bzw. 43.431 Einheiten waren die allein auf dem Inlandsmarkt erzielten, sehr beachtlichen Verkaufsergebnisse dieser für Kleinbetriebe unverzichtbaren Wiederaufbauhelfer. Sie waren als preisgünstiges Transportmittel in dieser Ära nicht wegzudenken.

Seit Oktober 1949 wurde auch ein 1-t-Vierradlieferwagen unter der Bezeichnung Matador angeboten, der mit dem 25-PS-Vierzylinder-Vergasermotor der VW-Werke ausgerüstet war. Im Juni 1952 brachte das Tempo-Werk die beiden Matador-Vari-

*Dieses 1936 gebaute Tempo-Dreirad des Typs E 200 gehört wohl zu den ältesten heute noch existierenden Fahrzeugen seiner Art. Es besitzt einen ILO-Einzylinder-Zweitaktmotor mit 198 ccm Hubraum mit 5,5 PS Leistung sowie ein Dreiganggetriebe. Bei entsprechend langem Anlauf sind mit diesem kleinen Vehikel immerhin 55 km/h Höchstgeschwindigkeit möglich.*

*Die kleinen, preiswerten Tempo-Dreiräder waren als Wiederaufbauhelfer in der Bundesrepublik nicht wegzudenken. Vor allem für Kleinunternehmer jeglicher Art stellten sie eine an den schmalen Geldbeutel angepasste, echte Alternative dar. Hier ein 1951 gebautes Modell Hanseat.*

anten 1000 und 1400 auf den Markt. Motorisch waren beide Ausführungen unterschiedlich ausgerüstet, wobei der Typ 1400 über einen 34 PS starken Vierzylinder-Vergasermotor des Herstellers Heinkel verfügte. Das von 1955 bis 1963 gefertigte, auch formal optimierte Nachfolgemodell Matador I verfügte bereits über 48 PS.

1953 wurde die Angebotspalette mit dem neuen, preiswerten 0,75-t-Vierrad-Lieferwagen Wiking erweitert, dessen Zweizylindermotor in dieser ersten Bauausführung 17 PS leisten konnte. Äußeres Kennzeichen des bis 1955 in der Produktion befindlichen Fahrzeugs war die fischmaulartig geformte Kühlluftöffnung der schmalen Motorhaube. Ab 1955 erhielt der Tempo Wiking das größere Fahrerhaus des Matador I und blieb in dieser Form bis 1963 im Programm. 1957 erhielt der Wiking ein Vierzylinderaggregat mit 32 PS, das bei der Kundschaft recht beliebt war. Im Jahr 1963 gab es den neuen Matador E – ein Einheitsmodell, der die beiden Vorgänger ablöste. Die neue Modellreihe gab es in mehreren Nutzlastklassen von 1–1,75 t. Sie wurde bis zum Produktionsende im Jahr 1967 mit genau 43.126 Exemplaren recht ordentlich verkauft.

Dem zunehmenden Konkurrenzdruck, insbesondere durch VW und Ford, konnte Tempo als mittelständisches Privatunternehmen auf Dauer nicht standhalten. 1965 wurde das Werk von der Rheinstahl-Hanomag AG übernommen, die später als Hanomag-Henschel-Fahrzeugwerke in die Daimler-Benz AG aufging.

*Mit einem auf den ersten Blick zwar nicht unbedingt schönen, zumindest aber sehr eigenwilligen Erscheinungsbild kann der von 1949 bis 1952 gefertigte Typ Matador aufwarten. Dieser kleine Vierrad-Frontlenker-Lkw besitzt Frontantrieb und einen 25 PS starken Vierzylinder-Boxermotor des VW Käfer. 80 km/h Höchstgeschwindigkeit, mit der er eine Nutzlast von 875 kg bewegen konnte, war zur damaligen Zeit ein schon recht beachtlicher Wert.*

*Hier ein im Jahr 1965 gebauter Tempo Matador E als Pritschenwagen, der mit einem 54 PS starken Vierzylinder-Vergasermotor des englischen Herstellers Austin ausgerüstet war. Der in unterschiedlichen Bauvarianten erhältliche Transporter war wahlweise für 1,3 oder 1,6 t Zuladung ausgeführt. 1967 wurde sein Bau ersatzlos eingestellt.*